U0457788

本研究受国家留学基金委"2016年国家建设高水平大学公派研

究生项目"之英国伯明翰大学联合培养博士项目资助

2023年浙江省社科规划"习近平总书记考察浙江重要讲话精神

研究阐释"专项课题（23YJZX13YB）的阶段性成果

英国工业遗产与城市复兴互益效应及启示

曹福然 著

ZHEJIANG UNIVERSITY PRESS
浙江大学出版社
·杭州·

图书在版编目（CIP）数据

英国工业遗产与城市复兴互益效应及启示／曹福然
著 . -- 杭州：浙江大学出版社，2025.5. -- ISBN 978-
7-308-25450-2

I. TU27

中国国家版本馆 CIP 数据核字第 2024TG9184 号

英国工业遗产与城市复兴互益效应及启示

曹福然　著

责任编辑	胡　畔	
责任校对	赵　静	
封面设计	周　灵	
出版发行	浙江大学出版社	
	（杭州市天目山路148号　邮政编码310007）	
	（网址：http://www.zjupress.com）	
排　　版	杭州林智广告有限公司	
印　　刷	杭州钱江彩色印务有限公司	
开　　本	710mm×1000mm　1/16	
印　　张	13.75	
字　　数	210千	
版 印 次	2025年5月第1版　2025年5月第1次印刷	
书　　号	ISBN 978-7-308-25450-2	
定　　价	88.00元	

版权所有　侵权必究　　印装差错　负责调换

浙江大学出版社市场运营中心联系方式：0571-88925591；http://zjdxcbs.tmall.com

代　序

在全球层面，起源于 18 世纪并于 19 至 20 世纪迅速扩张的大规模工业化进程已显著衰退，且这一趋势将持续至人类社会能够实施以可持续资源利用和碳中和原则为基础的新型发展驱动机制。当然，去工业化进程在不同地区的演进速率存在显著差异，但总体趋势指向生产模式的根本性转变，并伴随着城市中心及边缘地带景观的剧烈重构。在多数情况下，工业化的"硬件"——建筑、设施、技术以及与之关联的居住模式与社会生活——已被彻底清除，并代之以新型开发项目。然而，通过遗产保护专业人士（包括政府机构、建筑协会及民间爱好者群体）的努力，工业时代的物质遗存得以存续并获得保护。尽管部分工业遗迹已转型为博物馆或遗产旅游景点，但社会对其承载能力存在客观限制。

工业遗产建筑的活化利用面临多重挑战，其中最关键者在于如何为其赋予新功能。过去数十年间，英国及其他欧洲多国致力于探索处理工业遗产的"中间路径"，即避免将其完全博物馆化或彻底消解其历史特质，而是寻求保护与功能再生的平衡。在此过程中，英国形成的重要模式是将工业遗产嵌入城市再生整体框架，这一实践已取得显著成效。

在此背景下，本人热忱欢迎曹福然（Cao Furan）关于英国工业遗产与城市再生关联性的研究。曹福然系统剖析了英国工业遗产如何通过多维路径助推经济与社会发展的创新实践，并深入阐释再生进程如何反哺遗产价值，形成共生关系。其研究的重要实证基础来自对英国世界遗产地铁桥峡谷（Ironbridge Gorge）的考察——该地区被誉为工业革命的"发源地"，通过深度整合工业遗产资源，成功实现了从传统工业景观向旅游经济及文化创意产业的转型，使历史遗存有机融入新型经济体系。

本书的学术价值在于，它系统探讨了将工业遗产保护与城市再生政策实践相衔接的可行路径，旨在构建可持续的新型经济模式。书中提出的理念与案例对中国具有重要借鉴意义——中国当前正面临大规模去工业化带来的挑战。本人谨对曹福然严谨的学术态度表示敬意，其研究致力于解答英国、中国及诸多国家共同面临的核心命题：我们应如何对待工业时代的遗产？本书为此提供了重要的理论回应。

迈克·罗宾逊（Mike Robinson）
诺丁汉特伦特大学文化遗产教授
伯明翰大学国际铁桥文化遗产研究院荣誉教授
英国联合国教科文组织全国委员会文化事务非执行理事

目　录
CONTENTS

绪　论

第一节　研究背景及意义

一、研究背景

（一）国内相关背景

从世界范围来看，工业化是城市化的主要推动因素之一，而城市化则是工业化的重要载体，两者关系十分紧密。自新中国成立以来，在改革开放之前，我国的城市发展建设主要依托于城市的原有结构及布局，同时以推进工业的发展为重点，并优先发展重工业。改革开放后，我国进入了中国特色社会主义工业化道路的建设时期，在市场化改革的大背景下，轻工业和重工业均衡发展，并取得了举世瞩目的成就：不仅迅速推进了经济的高速增长与经济结构的持续优化，同时我国的工业生产能力与水平也得到了大幅度的提高，在 21 世纪初已发展为工业生产大国。发展至今，我国已建立了完整的工业体系，并因在工业体系完整度中涵盖了 41 个工业大类、191 个中类、525 个小类而拥有了联合国产业分类中全部的工业门类，而全球至今仅有中国的工业发展到了这个地步。此外，从对其他国家及世界经济发展的影响来看，我国的工业化进程同样举足轻重：国际工业遗产保护委员会 (The International Committee for the Conservation of the Industrial Heritage, TICCIH) 首任主席爵士尼尔·考森斯 (Sir Neil Cossons) 直言道："世界的秩序正在改变，经济的重心正无情地移向东方，这个进步主要是在中国正在发生的工业革命的推动下促成的。"①

　　然而需要指出的是，随着我国一些大城市的中心区先后外迁传统工业企业以调整产业结构，所空置出来的大量土地大多再度成为城市高速发展背景下的开发"热土"，同时曾经的工厂、设备、职工宿舍区等工业遗产也被整体性拆除。这贬损甚至割断了城市曾经的工业历史与辉煌，使城市文化丧失了原有的宝贵价值与主要特色，而且也抹杀了工人们的集体记忆与情感依托，还在一定程度上使得城市在设计与布局上缺乏创新性，没有形成独有的城市文化。但随着我国全国重点文物保护单位对工业遗产在认定与数量上的逐步重视，以及国家文物局《关于加强工业遗产保护的通知》的印发和我国第一个专门针对工业遗产保护的文件《关于大运河遗产保护的无锡建议》（以下简称《无锡建议》）的发布，我国对于工业遗产日渐重视，并在城市发展的过程中将其纳入城市复兴的进程展开探讨与论述。随着我国经济的发展进入一个新的历史阶段，我国的工业化进程与城市化进程同样出现了新的特点与趋势，同时也面临着一些新的问题。

　　第一，中国已进入后工业化时代初期。从代表著作上看，后工业社会的提出及理论体系构建最早可以追溯到丹尼尔·贝尔 (Daniel Bell) 的《后工业社会的来临》(*The Coming of Post-Industrial Society*)，其久负盛名的"中轴原理"极大地丰富了解读人类社会的理论视角②。而就我国当前工业化进程而言，著名经济学家厉以宁在"2015 年第二届大梅沙中国创新论坛"上提出我国"第三产业的比重既然占到 51% 了，就表明我们进入工业化向后工业化时代的过渡期，也就是进入后工业时代的初期"③。因此，对于我国部分城市而言，传统的扩张发展模式已不能契合服务业经济逐步取代制造业经济占主导地位的

---

① 尼尔·考森斯著，刘心依、刘伯英译：《为什么要保护工业遗产》，《遗产与保护研究》2016 年第 1 期。

② Daniel Bell: *The coming of post-industrial society: A venture in social forecasting*, Harmondsworth, 1976.

③ 资料源于凤凰网：http://news.ifeng.com/a/20151113/46233542_0.shtml［查询日期：2024-07-10］。

客观情况①，需结合实际情况以推动城市复兴，并将工业遗产视作"具有鲜明地方特色的宝贵财富"进行"活化"利用。第三产业的发展是后工业社会最显著的特征之一。"第三产业在国民经济中的地位持续上升，制造业地位则开始不断下降（重工业尤为突出）"②，一定程度上说明将遴选后遗留的工业遗产与新经济要素融合发展，不仅是今后我国城市化进程的重要途径之一，同时也是城市实现转型的有效手段之一，而此举也符合了我国工业化及城市化在不同发展阶段的客观要求。

第二，我国资源枯竭城市的转型问题日益突出，资源枯竭城市已占中国城市总数近11%。基于彼得·霍尔（Peter Hall）在其著作《城市和区域规划》（*Urban and Regional Planning*）③中提出的"城市发展阶段"理论可得出结论——资源枯竭是城市衰落的主要原因之一。资源枯竭城市，西方学界一般称为"铁锈地带"，即"Rustbelts"（Xie, 2015: 141）④，马潇等指出，我国"已有1/4的资源型城市面临资源枯竭"⑤，这对社会稳定及经济健康持续发展产生了一定的阻碍作用，也不利于民生问题的进一步改善。最新数据显示，国务院分别于2008年3月17日、2009年3月5日和2013年8月20日分三批公布了全国资源枯竭城市，共计69座（另有9个县级单位参照执行）。以中国市长协会副会长陶斯亮在首届世界华人经济论坛上所指出的"中国城市总数已经达到六百六十个"为参照，全国资源枯竭城市数已占城市总数的近11%，充分体现了我国资源枯竭城市问题的严重性。从所属关系上看，资源枯竭城市是资源型城市的子集，而得益于资源型城市工业遗产资源要素较为齐全、交通便利、可进入程度较高、本地工业遗产保护与开发的社会基础较好及城

---

① 韩福文、佟玉权、王芳：《德国鲁尔与我国东北工业遗产旅游开发比较分析》，《商业研究》2011年第5期。

② 徐柯健、Horst Brezinski：《从工业废弃地到旅游目的地：工业遗产的保护和再利用》，《旅游学刊》2013年第8期。

③ Peter Hall: *Urban and regional planning*, Harmondsworth, 1974.

④ Philip Cooke: *The rise of the rustbelt*, London: UCL Press, 1995.

⑤ 马潇、孔媛媛、张艳春等：《我国资源型城市工业遗产旅游开发模式研究》，《资源与产业》2009年第5期。

市工业肌理较为立体、工业精神较为厚重等良好的现实基础与突出优势，实现资源枯竭城市的复兴，需要将利用好工业遗产作为主要手段。

第三，我国当前正在推进供给侧结构性改革与新型工业化。改革开放事实上极大地促进了中国与世界在政治、经济、文化上全方位、多层次的交流与互动，随之而来的经济全球化对我国各行各业（尤其是对制造业）的影响深远。在获取巨大利益的同时，卷入全球分工体系的中国也难逃肇始于20世纪50年代的世界能源结构转变及科学技术革新所带来的巨大冲击，面临着城市发展滞缓、基础设施有效使用率低、产能过剩、创新力不足、供给结构灵活性低及资源要素配置扭曲等诸多问题。基于此，为应对人口红利衰减、中等收入陷阱风险、供需关系失衡等现实挑战，2015年11月10日习近平总书记在中央财经领导小组第十一次会议上提出了供给侧结构性改革及相关理论体系，并提出了要推进新型工业化。基于此，为优化城市经济要素互动关系，减轻并消除部分老工业城市滞后性发展模式所带来的财政负担与社会隐患，本书认为，需进一步加强将工业遗产纳入城市复兴的推进过程，并将其作为重要抓手以实现城市的转型发展，同时这也符合当前城市复兴模式以"内涵式"为主的发展趋势。

（二）国外相关背景

对于工业遗产的重视，如对工业遗产的价值、特点、类型等的探讨源于英国，而城市复兴运动也同样在英国率先开启。从世界城市的发展演进历程上看，在经济全球化浪潮的席卷之下，由于原材料价格及人力成本上涨，很多欧美国家纷纷将传统制造业转移至发展中国家（如中国等），由此闲置了大量的工业建筑，产生了愈演愈烈的城市问题，并引发了对于工业遗产的关注与探讨。当前世界在整体上进入后工业化时代的速度不断加快，越来越多的城市面临着日益增长的转型需求，因此对于工业遗产的处理方式便成为旧城改造中一个无法忽视的问题。然而世界遗产语境对工业遗产的重视同样经历了发展变化，从文化遗产保护对象在20世纪后期扩大，不再仅仅关注代表王公贵族文化的宫殿等建筑开始，直到具有工业遗产保护里程碑意义的

《关于工业遗产的下塔吉尔宪章》(*The Nizhny Tagil Charter for the Industrial Heritage*) 于 2003 年由国际工业遗产保护委员会（TICCIH）制定并公布，对于工业遗产的重要价值才达成广泛性共识，进而才将其确立为城市历史文化遗产的重要组成部分之一。以下，本书将以英国为主要背景，简要梳理工业遗产与城市复兴的历程与关系。

第一，英国率先兴起了对于工业遗产的保护与利用。18 世纪 60 年代，英国率先开展了工业革命，由此部分城市相继开启了工业化进程。而英国针对其工业遗产的保护与利用则同英国社会工业化进程息息相关，同时与英国城市复兴进程的推进关系紧密。随着英国传统工业城市（如曼彻斯特、伯明翰、利物浦、伦敦以及苏格兰东北部的纽卡索地区等）在二战后的大幅度衰退，"后工业化"及"逆工业化"现象在越来越多的城市及地区蔓延开来。政府城市发展规划的郊区化以及大量传统工业被淘汰，使得大量原有的工业用地被闲置，在一段时间内成为政府与城市的巨大负担。更为严重的是，由此还引发了污染扩散、经济衰退、劳动力外流、区域形象恶化等不良后果，因此逼迫当时的英国政府开始推出一系列政策以促进传统工业城市实现全面复兴。而随着产业结构的发展、人类审美情趣的改变、遗产观念的更新以及生活方式的现代化，废弃的工厂、车间及工业构件等工业景观逐步成为人们保护与利用的对象。

从标志性事件上看，1955 年，英国伯明翰大学的迈克尔·里克斯 (Michael Rix) 教授在《业余历史学家》期刊中发表的论文《工业考古学》首次提到了"工业考古"的概念[1]，并呼吁各界应即刻保存英国工业革命时期的机械与纪念物。随后如雨后春笋般地出现了一些研究工业遗产保护与利用的民间团体与学会，如 1968 年成立的伦敦工业考古学会、1973 年成立的英国工业考古学会等。1973 年，在世界遗产铁桥峡谷 (Ironbridge Gorge)（属工业遗产）所在地——铁桥峡谷博物馆召开了第一届工业纪念物保护国际会议 (FICCIM)，引起了世界对工业遗产的关注。1978 年，在瑞典召开的第三届国际工业纪

---

[1]　Michael Rix: *Industrial archaeology*, Amateur Historian, vol.2, no. 8, 1955.

念物大会上，国际工业遗产保护委员会 (TICCIH) 宣告成立，成为世界上第一个致力于促进工业遗产保护的国际性组织，同时也是国际古迹遗址理事会 (International Council on Monuments and Sites, ICOMOS) 工业遗产问题的专门咨询机构。从那时起，工业遗产保护的对象开始由工业纪念物转向工业遗产。由此，在许多国家工业遗产开始得到了良好的保护，对其利用方式的探究与实践也应运而生。

国际语境中对工业遗产的重视也经历了一个过程。联合国教科文组织认定的英国首个世界文化遗产即是铁桥峡谷，认定时间为 1986 年。而在 2011 年，国际古迹遗址理事会 (ICOMOS) 指出了世界遗产的未来趋势：保护世界遗产不再仅止于"贵族式"、代表上层阶级的文化遗产，而是扩展到影响当代的最为重要的系列工业遗产。这些工业遗产具有对全世界人类生活产生影响的普世性价值，记录着过去工业革命的辉煌历史，并彻底改变了当今生活的面貌，是带领全体人类前往美好时代的伟大印证，所以的确是值得保存并不断传颂其历史意义和价值的重要文化遗产项目。

第二，城市复兴率先在英国提出。在"城市复兴"(Urban Regeneration) 提出之前，概念上经历了五次变化：20 世纪 50 年代的城市重建 (Reconstruction) → 20 世纪 60 年代的城市重振 (Revitalization) → 20 世纪 70 年代的城市更新 (Renewal) → 20 世纪 80 年代的城市再开发 (Redevelopment) → 20 世纪 90 年代的城市复兴 (Regeneration)。以影响最大且最能体现出彼时时代背景的"城市更新"为例，20 世纪 70 年代中期，英国首次提出了《英国大都市计划》。英国前副首相普里斯克特 (Prescott) 将"城市更新"定义为：城市更新就是用可持续的社区文化和前瞻性的城市规划，来恢复旧有城市的人文性，同时整合现代生活的诸要素以再造城市社区活力。而从系统论的观点来看，城市复兴是一个由多种因素如环境、物质、经济等构成的复杂的动态系统，对于整个系统起到促进发展的作用。

英国的城市复兴与工业遗产关系密切。从历史沿革上看，其城市复兴经历了四个大的发展阶段：物质与社会复兴 (Physical and Social Regeneration) 时

期 (20 世纪 50—70 年代) → 企业复兴 (Entrepreneurial Regeneration) 时期 (20
世纪 80 年代) → 邻区更新 (Neighborhood Renewal) 时期 (20 世纪 90 年代—
2010 年) → 紧缩时代 (The Age of Austerity) 的复兴 (Regeneration) (2010 年至
今) 。具体说来，20 世纪中后期，英国的社会经济环境发生了深刻的变化，
主要体现为经济萧条以及由于经济停滞导致的国家财政危机。随着城市建设
的快速发展，城市工业化的转变及产业结构的不断调整使得许多城市在全球
化的竞争下出现经济下滑甚至倒退的局面，地方经济复兴的关键点也逐步由
稳定的社会经济转向更优质的社会及物质条件。由于国家财政危机，为了使
相关私有部门、房地产市场及地方等层面得到提升，"私有化"及"放权"成
为政府引入资金与公共支出相协调的新途径。由此，城市中心的用地逐步被
在财政上起主要掌控作用的金融相关机构利用及开发。在这种背景下，城市
复兴成为可以代替"城市再开发"及"城市更新"的全新概念。城市复兴与城
市再开发及城市更新不同，其旨在强调从整体的角度出发，在城市或区域的
经济、社会发展等方面实现更新。而对于城市而言，城市复兴涉及使其已经
失去的经济活力实现再生或振兴，恢复已经部分失效的社会功能，处理未被
关注的社会问题，以及恢复已经失去的环境质量或生态平衡等。而制定规划
的相关人员、当地开发者及予以资金支持的投资者成为这一时期城市建设的
主要成员，同时借助城市政府探求更广泛、更深层次的资金资源吸收也是不
可或缺的机会。

　　第三，英国工业遗产的保护利用与城市复兴关系紧密。在英国推进城市
复兴的过程中，工业遗产的重要性一直与其关系紧密，对于工业遗产的保护
与利用在不同方面都影响了城市复兴的演进与成效。当以电力的广泛应用为
代表的第二次工业革命的浪潮席卷了西方世界后，以制造业为特征的传统工
业企业由于生产成本等因素纷纷搬迁到发展中国家和地区或关闭。在此时代
背景下，城市不再作为生产制造中心，城市的经济结构发生转型，逐步成为
第三产业基地和消费的场所。而这也直接导致了大量废弃的工业建筑和闲置
的土地出现在城市，不仅大大降低了城市地区的环境品质，同时也连锁引发

了大量劳动力失业和各种城市问题。这种衰退过程在那些传统工业城市、城镇甚至区域表现得尤其明显，特别是在传统上以化工、纺织、钢铁制造、造船、港口、铁路运输和采矿业为支柱产业的地区。由此，为应对这一系列问题，城市复兴运动逐步成为英国政府施政的重点所在，其将工业遗产的保护与利用视为重要的着力点之一，具体包括工业遗产景观、工业遗产档案、工业遗产博物馆、工业遗产旅游、工业遗产综合适应性再利用、工业遗产文化教育等方面。

许多英国工业城市复兴的实践（如伯明翰、曼彻斯特、利物浦等）证明，对于工业遗产的合理保护与利用，不仅能够推动城市老工业区复兴，实现后工业化时代城市在现代经济社会生活中的可持续发展，同时还能通过重塑工业城市的鲜明特色，推动政府成功打造出"文化城市"，并推动城市的经济发展。

二、研究意义

当前我国对于工业遗产的研究与实践仍处于进一步探索阶段，但很多工业城市正面临着日益增长的转型需求，因此对于两者的关联性研究就显得尤为重要。基于此，本书将充分利用在英国伯明翰大学研究学习的便利，深度挖掘英国工业遗产与城市复兴的互益效应，并通过对工业遗产在保护与利用两个方面的剖析，探究其对英国城市形象、城市经济、城市文化、城市社区、城市环境及城市历史等方面的对应性影响，客观分析相关理论与案例应用的局限性与不足之处。以下将从两个方面分析本书的研究意义。

（一）理论意义

第一，充实国内研究。对于工业遗产的保护与利用，发轫于英国针对工业遗产的工业考古运动，其在英国方兴未艾的城市复兴运动中扮演了重要角色：不仅通过工业遗产的保护改善了城市环境，并优化了城市形象；同时还通过工业遗产的利用推动了城市经济的发展，并对城市文化的形成做出了一定的贡献。例如，关于工业遗产利用的重要方式之一——工业遗产旅游，

Hospers 指出，其起源于英国，后在德、法、美、日等国蓬勃发展 ①，表明了英国已具备较为成熟的工业遗产的保护与利用经验。工业遗产不仅在英国最先得到开发，而且已有很多较为成熟的成功案例，在英国政府推进城市复兴的过程中产生了较大的影响。但时至今日，尚无完全针对英国工业遗产保护与利用的专门性研究，对其具体的开发与管理所知也不多；将其与英国城市复兴进行关联研究的成果相对较少，也没有关于英国工业遗产对其城市复兴运动的全方位影响的阐释。英国首个世界遗产（工业类）——铁桥峡谷，因其"遗迹与场所同等壮美"②，已于 1986 年 12 月被收录于世界遗产名录，并代表了英国工业革命的发源地，是工业革命的"摇篮" ③；而铁桥峡谷的核心遗产——铁桥 (Ironbridge) 即是英国工业革命的"文化地标"(cultural landmark) 所在，不仅是世界首座铁制桥梁，同时也是主要城市文化象征及吸引物④，其在铁桥峡谷地区的复兴过程中发挥了巨大作用。因此，其不失为研究英国工业遗产与城市复兴关联性的极佳案例。尤其是该区域铁桥峡谷博物馆信托基金 (IGMT) 所属的十座工业遗产主题博物馆已实现财政独立，对该区域实现社会、文化及经济上的振兴作出了较大贡献，因而具有较高的研究价值。然而，国内至今尚无针对铁桥峡谷复兴历程的个案研究，更没有系统性总结英国工业遗产保护利用与城市复兴关联度的研究，因此本书在一定程度上充实了国内研究。

　　第二，理论整合。本书将重点关注城市复兴的基本理论（如城市复兴的原则、特征等），并将整合四个与之相关的重要理论：丹尼尔·贝尔 (Daniel Bell) 的后工业社会理论体系、彼得·霍尔 (Peter Hall) 的城市发展阶段理论、凯文·林奇 (Kevin Lynch) 的城市意象理论及国际工业遗产保护委员会

---

① 　Gert-Jan Hospers: *Industrial heritage tourism and regional restructuring in the European Union,* European Planning Studies, no. 10, 2002.

② 　Barrie Trinder(2nd ed.): *'The most extraordinary district in the world': Ironbridge and Coalbrookdale: An anthology of visitors' impressions of Ironbridge, Coalbrookdale and the Shropshire Coalfield,* Chichester: Ironbridge Gorge Museum Trust (by) Phillimore, 1988.

③ 　Barrie Trinder: *Ironbridge: The cradle of industrialisation,* History Today, vol.33, no. 4, 1983.

④ 　Richard Hayman & Wendy Horton: *Ironbridge: History & guide,* The History Press, no.1, 2009.

(TICCIH) 的工业遗产保护理论。

（二）现实意义

第一，有一定的实用性。我国对于工业遗产的关注发轫于 2006 年。具体地说，我国对工业遗产的保护在 2006 年上半年才正式全面启动。然而，李蕾蕾等提出，尽管我国现代工业文化遗产保护与利用发展的"历史尚短"，但是"中国实在是具备了学术上和实际上极有价值和潜力的工业文化遗产"[①]。由此，本书拟基于对英国工业遗产保护与利用的分析，探究其对英国城市复兴进程在不同方面所产生的重要影响，从而力求对我国开展工业遗产的保护与利用工作、推进城市转型提供一定的借鉴与参考。

为深度探究英国工业遗产与城市复兴之间的互益效应，并客观分析英国工业遗产的保护对城市复兴的影响、英国工业遗产的利用对城市复兴的影响这两个重要问题，本书不仅关注了铁桥峡谷这个最佳案例，同时也调研了伯明翰布林德利地区 (Brindley Place)、利物浦海事商城 (Liverpool Maritime Mercantile City)、曼彻斯特地区及莱斯特地区，并拟通过调研与相关文件资料的支撑，进一步从不同侧重点全方位探讨工业遗产在英国的保护与利用对城市复兴运动所产生的巨大作用，同时也总结归纳其经验与教训。由此，本书有一定的实用性。

第二，经验总结。本书将对英国工业遗产与英国城市复兴进行关联性研究，探讨两者的关系，并分别分析英国工业遗产保护与利用的兴起、发展、特点、价值等，以及对应梳理英国城市复兴的演进历程。从英国工业遗产考古、工业遗产景观、工业遗产档案、工业遗产博物馆、工业遗产旅游、工业遗产文化教育等方面分析英国工业遗产的适应性再利用 (adaptive Reuse)，并探究其对英国城市形象、城市经济、城市文化、城市可持续发展及城市历史等方面所产生的影响，既分析积极作用，也客观分析局限性与不足之处，并将经验与教训进行归纳与总结。

[①] 李蕾蕾、Dietrich Soyez:《中国工业旅游发展评析：从西方的视角看中国》,《人文地理》2003 年第 6 期。

第二节　研究现状分析

一、国内外工业遗产研究现状述评

（一）国内研究现状述评

我国各界对于工业遗产重要价值的认识与探讨发端于 20 世纪末期，对于工业遗产保护与利用方面的探究也同样起步较晚。近年来，我国一些工业城市（如铁西工业区）经历了衰退过程，而遗留下的大部分工业建筑、工业构件等工业遗产很难摆脱被拆除的命运。随着保护观念的提升与审美观念的改变，我国已逐步将价值突出的工业遗产纳入文物保护的范围，并对其进行了一定程度的开发利用。

在最初阶段，学术界对工业遗产的关注大多聚焦于对国外工业遗产保护与利用相关理论的梳理及成功案例的研究，随后针对我国工业遗产的价值、保护与利用方式的研究也逐步增加，并相继取得了一些成果。尤其是随着以"工业遗产"为主题的"国际古迹遗产口"在无锡举行，国内首个有关工业遗产保护的文件——《无锡建议》的通过及国家文物局印发《关于加强工业遗产保护的通知》等一系列关键性事件的发生，我国学界掀起了研究工业遗产的热潮；同时，作为接续产业之一（尤其是接续集体记忆），对于工业遗产保护与利用的作用与价值还体现在不同的方面。就此，我国相关学者已取得了一定的研究成果并从不同的侧重点进行了阐释，其中部分观点具有趋同性，详见表1.1。

表 1.1 国内工业遗产研究代表性成果

主要观点	代表作者	时间点	论文或著作名称
探讨了工业遗产的价值和保护意义，梳理了国内外实践及保护论述	单霁翔	2006 年	《关注新兴文化遗产——工业遗产的保护》①
全面地分析了国内外工业遗产保护和管理的动态	阙维民	2006 年	《国际工业遗产的保护与管理》②
工业遗产的开发利用有助于延续地域及国家文脉	马潇等	2009 年	《我国资源型城市工业遗产旅游开发模式研究》③
	李纲	2012 年	《中国民族工业遗产旅游资源价值评价及开发策略——以山东省枣庄市中兴煤矿公司为例》④
	徐柯健等	2013 年	《从工业废弃地到旅游目的地：工业遗产的保护和再利用》⑤
	徐子琳等	2013 年	《城市工业遗产的旅游价值研究》⑥
工业遗产是关键性文化标志，还是国家及地区经济转型的证据	刘伯英	2016 年	《再接再厉：谱写中国工业遗产新篇章》⑦
工业遗产的保护、开发及利用，有助于推动城市经济发展及产业结构的调整	吴相利 张金山 杨宏伟 邢怀滨等	2002 年 2006 年 2006 年 2007 年	《英国工业旅游发展的基本特征与经验启示》⑧ 《国外工业遗产旅游的经验借鉴》⑨ 《我国老工业基地工业旅游现状、问题与发展方向》⑩ 《工业遗产的价值与保护初探》⑪
提出"中国实在是具备了学术上和实际上极有价值和潜力的工业文化遗产"	李蕾蕾等	2003 年	《中国工业旅游发展评析：从西方的视角看中国》⑫

① 单霁翔：《关注新型文化遗产——工业遗产的保护》，《中国文化遗产》2006 年第 4 期。
② 阙维民：《国际工业遗产的保护与管理》，《北京大学学报（自然科学版）》2007 年第 4 期。
③ 马潇、孔媛媛、张艳春等：《我国资源型城市工业遗产旅游开发模式研究》，《资源与产业》2009 年第 5 期。
④ 李纲：《中国民族工业遗产旅游资源价值评价及开发策略——以山东省枣庄市中兴煤矿公司为例》，《江苏商论》2012 年第 4 期。
⑤ 徐柯健、Horst Brezinski：《从工业废弃地到旅游目的地：工业遗产的保护和再利用》，《旅游学刊》2013 年第 8 期。
⑥ 徐子琳、汪峰：《城市工业遗产的旅游价值研究》，《洛阳理工学院学报（社会科学版）》2013 年第 1 期。
⑦ 刘伯英：《再接再厉：谱写中国工业遗产新篇章》，《南方建筑》2016 年第 2 期。
⑧ 吴相利：《英国工业旅游发展的基本特征与经验启示》，《世界地理研究》2002 年第 4 期。
⑨ 张金山：《国外工业遗产旅游的经验借鉴》，《中国旅游报》2006-05-29，第 007 版。
⑩ 杨宏伟：《我国老工业基地工业旅游现状、问题与发展方向》，《经济问题》2006 年第 1 期。
⑪ 邢怀滨、冉鸿燕、张德军：《工业遗产的价值与保护初探》，《东北大学学报（社会科学版）》2007 年第 1 期。
⑫ 李蕾蕾、Dietrich Soyez：《中国工业旅游发展评析：从西方的视角看中国》，《人文地理》2003 年第 6 期。

　　然而我国目前对于工业遗产的重视程度还有待加强，同时对工业遗产保护与利用工作的开展还不够完善。以朱文一、刘伯英所统计的"到 2014 年年底，世界文化遗产中的工业遗产数量达到 60 项"[①] 为基础，截止到 2016 年年底，在联合国教科文组织 (UNESCO) 世界遗产委员会所公布的世界文化遗产名录中，世界工业遗产数量已增加到 62 项（2015 年新增两项，分别为挪威的尤坎—诺托登工业遗产及日本的明治工业革命遗迹, 2016 年无）[②]。其中我国仅有两项，分别为 2000 年 11 月入选的四川青城山都江堰水利工程及 2014 年 6 月入选的流经中国八省的大运河。但是由于文化遗产的认定规则存在一定程度上的变化性，同时其价值评估在世界语境中存在一定的不确定性，尤其是 UNESCO 所列名录中的工业遗产项数处于动态变化中，所以就其总数而言很难进行精确的量化。例如阙维民就从不同的数据来源中梳理了世界工业项目及工业遗产的数目[③]，而该数据准确性仍有待进一步确认。然而，我国工业遗产在数量上与其他国家相比差距较大是不争的事实。

　　综上可以看出，国内对于工业遗产的研究起步较晚，但已逐渐升温。从我国对工业遗产保护与利用的现有案例来看，主要分为三种类型:（1）从城市土地置换、功能提升和空间结构优化等方面推进城市工业区的改造与开发;（2）从挖掘再利用空间和环境文化内涵的角度对传统工业建筑进行改造再利用;（3）从产业转型、解决就业和相关建筑的改造再利用等方面对工业历史地段和建筑进行个案研究。

　　另一方面，由于我国对于工业遗产的研究仍处于探索及初步发展阶段，因此还存在着两个弊端:（1）我国工业遗产的价值评价体系尚未完全建立，导致有价值的工业遗产难以获得认同;（2）没有从城市复兴的角度对工业遗产保护与利用展开对应性研究，因此研究视角有待进一步拓宽。

---

① 朱文一、刘伯英编著:《中国工业建筑遗产调查、研究与保护——2014 年中国第五届工业建筑遗产学术研讨会论文集（五）》，北京:清华大学出版社，2015 年，第 3 页。
② 资料来源于 UNESCO 官网，两项遗产相关信息页面分别为:http://whc.unesco.org/en/list/1486、http://whc.unesco.org/en/list/1484［查询日期:2024-07-10］。
③ 阙维民:《国际工业遗产的保护与管理》，《北京大学学报（自然科学版）》2007 年第 4 期。

（二）国外研究现状述评

经历了成熟工业化后的许多发达国家及城市遗留了大量代表工业发展历史及其特征的建筑与城市空间，对相关城市（如英国的伯明翰、曼彻斯特、利物浦等地）的发展产生了重大影响。而国外对于工业遗产的重视最早可以溯源到 19 世纪在欧洲兴起的建筑保护与修复运动，随着城市文化遗产保护的对象和类型不断拓宽，对工业遗产的保护与利用也逐步兴盛起来。

作为工业革命的起始地，英国早在 1950 年就有民间组织机构对工业遗产进行调查研究。正如本书在选题背景中所述，早在 1955 年，英国伯明翰大学迈克尔·里克斯教授即通过题为《工业考古学》的文章呼吁各界应即刻保存英国工业革命时期的机械与纪念物。如果说随后成立于 1973 年的英国工业考古学会推动了英国各界对工业遗产的认同，那么同年在铁桥峡谷博物馆召开的第一届工业纪念物保护国际会议，则在世界范围内引起了对工业遗产的广泛关注。值得一提的，具有里程碑意义的事件是，1978 年在瑞典召开的第三届国际工业纪念物大会上，国际工业遗产保护委员会 (TICCIH) 宣告成立，成为世界上第一个致力于促进工业遗产保护的国际性组织，同时也是国际古迹遗址理事会 (ICOMOS) 工业遗产问题的专门咨询机构。从这时起，工业遗产保护的对象开始由工业纪念物转向工业遗产，对应的研究与实践也逐步深化。

简而言之，对于工业遗产的研究最早源自英国于 20 世纪 50 年代逐步创立形成的"工业考古学"，人们对工业遗产保护的重视也由此拉开序幕。20 世纪末开始出现关于工业遗产保护与利用的专门性研究，并形成了较为完整的保护工业遗产的理念，同时也兴起了许多保护工业遗产的组织，而 TICCIH 无疑是最重要的国际组织之一。从 2000 年 4 月 18 日确立了"国际文化遗产日"，并随后将 2006 年的主题确立为"工业遗产"，西方对工业遗产的保护与利用研究历经近半个世纪的发展，终于走上了全球化的道路。以下列举代表性观点，详见表 1.2。

表 1.2 国外工业遗产研究代表性成果

主要观点	代表作者	时间点	论文或著作名称
提出"工业考古",并呼吁各界应即刻保存英国工业革命时期的机械与纪念物	Michael Rix	1955 年	Industrial archaeology[1]
通过回顾英国铁桥峡谷博物馆自身的发展历程,指出历史学家应当重视"工业保护运动",重视对其进行保护利用	Barrie Trinder	1988 年	"The most extraordinary district in the world": Ironbridge and Coalbrookdale: An anthology of visitors' impressions of Ironbridge, Coalbrookdale and the Shropshire Coalfield[2]
回顾了英国"工业考古"研究历程,分类介绍工业遗产各类资源,并以铁桥峡谷为案例分析	Pat Yale	1991 年	From tourist attractions to heritage tourism[3]
指出工业遗产开发利用起源于英国,提出对于位于工业区的欧洲服务经济而言,工业遗产开发能够在一定程度上成为一种新兴的"有趣联合"	Gert-Jan Hospers	2002 年	Industrial heritage tourism and regional restructuring in the European Union[4]
对工业遗产的定义、研究对象、价值构成等提出了相应的保护与立法建议	TICCIH	2003 年	The Nizhny Tagil Charter for the industrial heritage[5]
指出越来越多的工业城市选择旅游开发道路以实现城市复苏,并梳理出了发展工业遗产旅游的六大关键属性	Philip Feifan Xie	2006 年	Developing industrial heritage tourism: A case study of the proposed jeep museum in Toledo, Ohio[6]

[1] Michael Rix: *Industrial archaeology*, Amateur Historian, vol.2, no.8, 1955.

[2] Barrie Trinder(2nd ed.): "*The most extraordinary district in the world*": *Ironbridge and Coalbrookdale: An anthology of visitors' impressions of Ironbridge, Coalbrookdale and the Shropshire Coalfield*, Chichester: Ironbridge Gorge Museum Trust (by) Phillimore, 1988.

[3] Pat Yale: *From tourist attractions to heritage tourism*, Huntingdon: Elm, 1991.

[4] Gert-Jan Hospers: *Industrial heritage tourism and regional restructuring in the European Union*, European Planning Studies, no. 10, 2002.

[5] TICCIH: *The Nizhny Tagil Charter for the industrial heritage*, TICCIH XII International Congress, 2003.

[6] Philip Feifan Xie: *Developing industrial heritage tourism: A case study of the proposed jeep museum in Toledo, Ohio*. Tourism Management, vol.27, no. 6, 2006.

除此之外，Dann 还创新地提出工业遗产的重要价值还体现在：其突出的"怀旧情怀"(nostalgia)[①] 能够对不同目标社会群体（例如工人阶级等）及他们难忘的人生经历从多维度展开阐释，由此通过情感连接的建立来增进其文化认同与归属感等。

值得一提的是，工业遗产的保护为后期的利用开发奠定了坚实的基础，而实践又逐渐证明，工业遗产旅游 (Industrial Heritage Tourism) 日益成为工业遗产最有效的利用方式之一。因此，国外学界对于工业遗产旅游的探讨日益增多，例如：Cossons Neil (1978) 通过翔实的照片及史料，从英国的煤溪谷 (Coalbrookdale)、铁桥 (Iron Bridge)、工业考古 (Industrial Archaeology) 等方面论证了铁桥峡谷作为世界工业革命发源地的重要历史地位。

Charalampia Agaliotou(2015) 则将语境设立在希腊，并从当地经济的发展、文化体验、民众的生活质量等不同方面分析了当下工业遗产纪念物的"重复利用"对希腊所产生的诸多影响，并指出对个性化旅游需求的推崇表明了当下希腊所面临的一种新的发展机遇，在很多方面都能产生增益作用。而 Philip Feifan Xie (2015) 指出：工业区及其作为旅游资源的开发再利用价值这一议题已在全球形成共识，通过针对位于葡萄牙首都里斯本的 LX 工厂及其"社会—空间"变迁历程所展开的案例研究，总结归纳出工业遗产发展的生命循环周期主要分为三个阶段：领土化 (Territorialization)、非领土化 (Derritorialization) 及再领土化 (Rerritorialization)。该理论在西方学界也得到了一定的认可与支持。

综上可以看出，国外对工业遗产的研究起步较早，研究范围涉及面较广，同时研究更加侧重于对特定案例的探讨，已延伸至关联研究领域并逐步引发世界遗产学界的关注；国外在工业遗产开发及管理的实践上已有较多典型成功案例，同时在人才培养机制及政策制定等方面也具有较为丰富的经验，已形成较为完整的保护利用工业遗产的理念，并兴起许多保护工业遗产

[①] Dann, G.M.S: *"There's no business like old business": Tourism, the nostalgia industry of the future*, In W.F. Theobald (eds.), Global Tourism, Oxford: Butterworth Heinemann, 1998.

的组织，值得适时借鉴。

二、国内外城市复兴研究现状述评

（一）国内研究现状述评

从新中国成立到改革开放之前，我国的城市建设以发展工业为重点，并充分利用城市原有的结构和布局以推进城市的发展。因此，我国城市建设及复兴的内容与西方发达国家不完全相同，加上我国国情及特有的经济状况，致使我国的城市复兴具有自身特点。改革开放后，城市的产业结构与经济增长在我国产生了鲜明对比。一方面，尽管旧城的物质环境得到了一定程度的提升，城市的经济与社会却没有实现协调发展；另一方面，城市大规模的开发建设导致了城市环境问题愈发严重。与此同时，在我国"摧枯拉朽"般的工业化与城市化进程背景下，我国大部分城市用地的更新速度远远超过其功能的转变速度，致使城市功能的使用性质无法满足并匹配城市快速发展的使用要求。这些客观情况在学术研究领域也有相应的表现，以下仅列举代表性观点，详见表 1.3。

表 1.3　国内城市复兴研究代表性成果

主要观点	代表作者	时间点	论文或著作名称
对欧洲城市复兴理论的框架进行全面的概括与分析，从不同角度论述了实践的操作模式、设计特点和文化特色等	吴晨	2002 年 2003 年 2004 年 2005 年	《城市复兴的理论探索》[1] 《城市复兴的评估》[2] 《城市复兴中的合作伙伴组织》[3] 《文化竞争：欧洲城市复兴的核心》[4]
探讨了旅游开发中实现历史街区中传统城市体验的回归与延续	郭湘闽	2006 年	《以旅游为动力的历史街区复兴》[5]

---

[1]　吴晨：《城市复兴的理论探索》，《世界建筑》2002 年第 12 期。
[2]　吴晨：《城市复兴的评估》，《国外城市规划》2003 年第 4 期。
[3]　吴晨：《城市复兴中的合作伙伴组织》，《城市规划》2004 年第 8 期。
[4]　吴晨：《文化竞争：欧洲城市复兴的核心》，《瞭望新闻周刊》2005 年第 7—8 期。
[5]　郭湘闽：《以旅游为动力的历史街区复兴》，《新建筑》2006 年第 3 期。

续表

主要观点	代表作者	时间点	论文或著作名称
介绍英国城市复兴的产生背景、定义和原则，详细阐述了英国当代战略导向的城市复兴方法	朱力等	2007年	《英国城市复兴：概念、原则和可持续的战略导向方法》①
提出城市文化对城市复兴有积极的促进作用，还提出了中国老城区以文化为导向的复兴改造的策略	于立等	2007年	《以文化为导向的英国城市复兴策略》②
分析总结无锡工业遗产保护与再利用的成果，并探讨工业遗产的保护再利用对城市文化复兴的意义	张希晨等	2010年	《从无锡工业遗产再利用看城市文化的复兴》③
通过分析工业遗产保护与城市文化复兴计划的关系，从五个方面总结了该市工业遗产保护与发展的策略	刘洁等	2014年	《城市工业遗产保护策略研究——以英国谢菲尔德市城市文化复兴计划为例》④

综上不难看出，我国对于城市复兴理论的相关研究起步较晚，仍处于学习摸索阶段，2005年举办的"中英城市复兴高层论坛"就是一例。这主要表现在两个方面：一是国内相关理论著作对国外理论的梳理和经验的总结还不够深入，对国外成功案例的分析与探究还不够具体等；二是随着我国经济发展进入新的阶段，城市复兴理论的引入契合了当下城市发展的需求，因此国内学者逐渐开始对国内与国外案例展开对比研究，同时也有部分学者开始针对国内具体城市复兴案例进行理论分析与实践探索。

（二）国外研究现状述评

20世纪70年代中期至80年代后期，在发达国家兴起广泛的城市中心区复兴运动，其中对工业建筑的保护和再利用是重要的内容。由此，工业遗产保护运动迅速波及所有经历过工业化的国家。然而，需要指出的是，本书所研究的"城市复兴"以探究英国城市复兴的提出及演进为主要内容。

---

① 朱力、孙莉：《英国城市复兴：概念、原则和可持续的战略导向方法》，《国际城市规划》2007年第4期。
② 于立、张康生：《以文化为导向的英国城市复兴策略》，《国际城市规划》2007年第4期。
③ 张希晨、郝靖欣：《从无锡工业遗产再利用看城市文化的复兴》，《工业建筑》2010年第1期。
④ 刘洁、戴秋思、张兴国：《城市工业遗产保护策略研究——以英国谢菲尔德市城市文化复兴计划为例》，《新建筑》2014年第2期。

从发展历程上看，英国不仅是现代工业革命的发源地，同时还是最早经历城市化与工业化的国家，因此其现代城市的产生及发展在时间点上均先于其他国家。基于此，随着城市产业结构的逐步改变与世界经济全球化的深化发展，英国的城市复兴也经历了理念上的改变与政策上的完善。以下列举代表性观点，详见表1.4。

表1.4　国外城市复兴研究代表性成果

主要观点	代表作者	时间点	论文或著作名称
提出城市复兴"十大原则"，并强调了城市复兴的复杂性和连续性	D. Lichitleld	1992 年	Urban regeneration for 1990s[1]
规定了城市复兴的文化导向，首次将城市复兴与文艺复兴提高到相同的历史高度	R.G. Rogers & Urban T. F.	1999 年	Towards an urban renaissance[2]
从三点评价文化在城市复兴中的作用，梳理总结了文化对英国城市复兴所作的贡献，并强调"文化复兴"	DCMS	2004 年	Culture at the heart of regeneration[3]
回顾了城市复兴的发展与政策的实施过程，并提出建议	Urban T. F.	2005 年	Towards a strong urban renaissance[4]
指出文化具有使城市更繁荣、更安全、更可持续的力量，同时提出文化为可持续资源	UNESCO	2016 年	Global report on culture and sustainable urban development: culture, urban, future[5]

综上不难看出，国外针对英国城市复兴的研究起步较早，这除了与客观上率先步入去工业化、逆城市化等阶段有关之外，还与西方的城市功能定位在理念与实践上的积极转变与探索有关，因此相关研究相对更成体系。同时，在相关学者与学者主导的国际组织的研究与实践下，城市复兴研究除了

---

① D. Lichfield, *Urban regeneration for the 1990s*, London, 1992.

② R.G. Rogers & Urban, T. F.: *Towards an urban renaissance*, London, Department of the Environment, Transport and the Regions, 1999.

③ Department of Culture, Media and Sport: *Culture at the heart of regeneration*, London, 2004.

④ Urban, T. F.: *Towards a strong urban renaissance*, London:Urban, T. F., 2005.

⑤ UNESCO: *Global report on culture and sustainable urban development: Culture, urban, future*, Paris: UNESCO, 2016.

在指导思想、方法论及实现路径上已完成相对成熟的研究，还逐渐突出文化这一关键要素在城市复兴中的重要作用，有一定的借鉴价值。

三、国内外工业遗产与城市复兴关联研究现状述评

（一）国内研究现状述评

目前国内对于工业遗产与城市复兴的关联研究起步较晚，数量上还相对较少，大多情况下仅针对某个具体案例展开相对具体的论述，但应该说已取得了一定的成就，研究方法也具有一定的启发性，然而客观上缺乏系统的理论性总结，同时也较少关注到在将城市复兴视作城市管理者及各方发起的文化经济性运动时，城市复兴作用于工业遗产的开发、保护与利用等方面的积极影响。按照研究主题，相关研究大致可以分为三类，相应代表观点及作者等如表 1.5 所示。

表 1.5　国内工业遗产与城市复兴关联研究代表性成果

主要观点	代表作者	时间点	论文或著作名称
将城市复兴视作一个发生情境或历史背景，突出工业遗产作用于其中而产生的功能、价值	贾梦婷、张东峰	2017 年	《城市复兴机制下工业遗产活化模型探析——以台湾地区松山文创园区为例》[①]
	张鹏、陈曦	2018 年	《作为后工业时代城市复兴动力的工业遗产——美国费城海军船厂的保护与再生》[②]
将城市复兴视作一个理论切入点及视野，集中探究工业遗产的及保护利用	吴晨、李瑞静	2013 年	《台湾地区城市复兴过程中工业遗产的保护与再利用》[③]
	孙维晗	2016 年	《基于城市复兴视野下长春工业遗产保护与利用》[④]

---

① 贾梦婷、张东峰：《城市复兴机制下工业遗产活化模型探析——以台湾地区松山文创园区为例》，《建筑与文化》2017 年第 11 期。

② 张鹏、陈曦：《作为后工业时代城市复兴动力的工业遗产——美国费城海军船厂的保护与再生》，《建筑遗产》2018 年第 4 期。

③ 吴晨、李瑞静：《台湾地区城市复兴过程中工业遗产的保护与再利用》，《北京规划建设》2013 年第 2 期。

④ 孙维晗：《基于城市复兴视野下长春工业遗产保护与利用》，长春：吉林建筑大学，2016 年。

主要观点	代表作者	时间点	论文或著作名称
将城市复兴视作一个理论切入点及视野，集中探究工业遗产的及保护利用	曾志宏	2017 年	《城市复兴视野下的吉林省工业遗产保护与利用研究》①
	莫畏、曾志宏	2017 年	《基于城市复兴理论的吉林省工业遗产保护与利用》②
将工业遗产的开发上升到衡量城市复兴结果的高度，同样探究工业遗产对城市复兴的价值	张译丹、王兴平	2017 年	《"后申遗时代"的杭州京杭大运河沿线工业遗产开发与城市复兴策略——基于文化价值认同视角》③

由表 1.5 可以看出，国内研究在时间上集中于较晚的 2017 年前后，研究主题大多关注对工业遗产的开发、保护、利用及价值的探讨，研究视角具有趋同性，大多重点关注工业遗产在开发过程中及基于自身特点等而产生的对城市经济、文化及民众生活等方面的积极作用，论述方式则大多通过具体案例展开探究并已取得了一些成果，部分观点具有前瞻性、导向性及一定的实操性。然而，从整体上看，以城市复兴为驱动方探究其对工业遗产这一客体所产生影响的研究则较为鲜见，而这一点也可以视作与国外研究的最大不同点。

（二）国外研究现状述评

率先进入工业化与去工业化阶段的一些西方国家在相关研究方面也自然走在了前列，其中大多数学者以解决之前从未出现过的问题为核心，对工业遗产与地区或城市的经济、文化、政治复兴问题展开关联研究，取得了比较具有创新性与实操性的学术成果，以下列举代表性观点，详见表 1.6。

---

① 曾志宏：《城市复兴视野下的吉林省工业遗产保护与利用研究》，长春：吉林建筑大学，2017 年。
② 莫畏、曾志宏：《基于城市复兴理论的吉林省工业遗产保护与利用》，《四川建材》2017 年第 43 卷第 1 期。
③ 张译丹、王兴平：《"后申遗时代"的杭州京杭大运河沿线工业遗产开发与城市复兴策略——基于文化价值认同视角》，《社会科学动态》2017 年第 5 期。

表1.6　国外工业遗产与城市复兴关联研究代表性成果

主要观点	代表作者	时间点	论文或著作名称
通过比较与过程性描述，实证工业遗产在地区及城市更新中的经济价值	Martin Robinson	1988 年	Industrial capitalism in transition: the contemporary reorganization of the British space-economy[1]
通过具体案例探究工业遗产在城市管理者制定城市复兴政策中的角色与定位	R. Hassink	1992 年	Regional innovation policy: Case studies from the Ruhr Area, Baden-Wurttemburg and the North East of England[2]
	R. Hewison	1987 年	The heritage industry[3]
从开发者的角度，探究城市中闲置工业建筑在城市可持续性发展问题上的增益作用	Rick Ball	1999 年	Developers, regeneration and sustainability issues in the reuse of vacant industrial buildings[4]
通过具体案例，并结合数据分析探究工业遗产在城市规划及城市设计等方面所产生的影响	Grete Swensen, Rikke Stenbro	2013 年	Urban planning and industrial heritage - a Norwegian case study[5]
以问题为导向运用批评性思维，探究城市复兴的政策、实践及结果对工业遗产及社区产生的影响	Hudso Robinson, Sadler Dadvid	1989 年	The international steel industry: Restructuring, state policies and localities[6]
	Cizler Jasna	2012 年	Urban regeneration effects on industrial heritage and local community - Case study[7]
从工业遗产创造城市景观的角度探究城市中工业遗产与城市复兴的紧密关系	Preite Massimo	2014 年	Industrial heritage and urban regeneration in Italy: The formation of new urban landscapes[8]

[1]　Martin Robinson: *Industrial capitalism in transition: The contemporary reorganization of the British space-economy*, London: Hodder and Stoughton, 1988, pp.202–231.

[2]　Hassink, R.: *Regional innovation policy: Case studies from the Ruhr Area, Baden-Wurttemburg and the North East of England*, Den Haag: The Netherlands Geographical Studies, no. 145, 1992.

[3]　Hewison, R.: *The heritage industry*, Methuen, London, 1987.

[4]　Rick Ball: *Developers, regeneration and sustainability issues in the reuse of vacant industrial buildings*, Building Research & Information, vol.27, no. 3, 1999.

[5]　Grete Swensen, Rikke Stenbro: *Urban planning and industrial heritage – a Norwegian case study*, Journal of Cultural Heritage Management and Sustainable Development, vol. 3, no. 2, 2013.

[6]　Hudso Robinson, Sadler Dadvid: *The international steel industry: Restructuring, state policies and localities*, London: Routledge, 1989.

[7]　Cizler Jasna: *Urban regeneration effects on industrial heritage and local community–Case study: Leeds, UK*, Sociologija sela, no. 5, 2012.

[8]　Preite Massimo: *Industrial heritage and urban regeneration in Italy: The formation of new urban landscapes*, TICCIH Congress, 2012.

由表1.6可以看出，国外研究在时间节点上起步于较早的20世纪末期，彼时的学者们面对着正在发生或已经发生的由工业衰退、萧条所引发的例如种族隔阂、人口流失、环境恶化等严重社会不稳定问题，开始思考正确处理工业遗产的方式与理念，由此挖掘出工业遗产自身的多重重要价值及其对城市复苏的正向积极影响。同时，研究视角的切入点相对更为细致，理论延展面相对更广，所探讨的主体往往包括但不局限于将工业遗产视作城市复兴运动发生变化的关键要素之一，还兼顾将城市作为一个有机体去研究其对工业遗产不同方面所产生的影响，因此具有一定的前瞻性、指导性及借鉴价值。

第三节　研究内容与方法

一、研究内容

本书的主要研究内容是：通过厘清英国工业遗产与城市复兴的互益效应，以及深度分析代表性案例——英国铁桥峡谷的城市复兴历程，总结归纳出英国在开展城市复兴运动过程中，工业遗产在城市形象、城市社区、城市环境、城市历史、城市文化及城市经济等方面所产生的积极作用，同时也客观分析失败案例及原因。主要可分为以下三点：

第一，探究英国工业遗产的适应性再利用(Adaptive Reuse)。主要包括从联合国教科文组织(UNESCO)语境中解读英国工业遗产，并简要梳理英国工业革命的意义与工业考古运动的兴起。然后从工业遗产景观、工业遗产档案、工业遗产博物馆、工业遗产旅游、工业遗产文化教育等方面总结经验与教训。

第二，探究英国城市复兴的兴起与发展。主要包括从郊区化(Suburbanization)、逆城市化(Counter-urbanization)、去工业化(Deindustrialization)、后现代城市等方面分析英国城市衰落的原因与过程，并从物质与社会复兴(Physical and Social Regeneration)、企业复兴(Entrepreneurial Regeneration)、邻区更新(Neighborhood Renewal)及紧缩时代(The Age of Austerity)的复兴

(Regeneration) 这四个阶段探讨英国城市复兴的过程与现状，同时分别研究英国政府在不同发展阶段所推出的政策与文件。

第三，对英国工业遗产与城市复兴进行关联研究，并通过英国代表性案例的调研与大量一手资料的收集，分析总结保护利用工业遗产对英国城市复兴所产生的影响与作用。

从章节内容安排上看，第一章主要探讨本书所提出的国内外背景及意义，并在论述国内外研究现状的基础上，结合实际情况确定本书的主要内容与方法，最后提出研究的创新点与重难点。

第二章首先厘清工业遗产的概念、特点、类型及价值，以及城市复兴的概念、目标、原则及策略等，再从联合国教科文组织 (UNESCO) 所代表的世界遗产语境中探讨世界遗产委员会世界遗产名录中的英国工业遗产，并探究国际古迹遗址理事会 (ICOMOS) 对工业遗产的理解，再分析国际工业遗产保护协会 (TICCIH) 的工业遗产保护理论体系。接着，从三大核心理论切入展开理论探究。它们分别为：彼得·霍尔 (Peter Hall) 的"城市发展阶段"理论、丹尼尔·贝尔 (Daniel Bell) 的"后工业社会"理论及凯文·林奇 (Kevin Lynch) 的"城市意象"理论。最后，依托类型学框架图界定英国可供开发的工业遗产类型。

第三章将着重探讨英国城市的发展与工业遗产的转型 (Transformation) 及利益相关者 (Stakeholder)。首先，在论述英国城市衰落与复兴过程的基础上，重点探究英国城市复兴演进的四个阶段。其次，从六个方面梳理工业遗产的适应性再利用 (Adaptive Reuse)：工业考古在城市中的开展、工业景观在城市中的保护 (Conservation)、工业档案在城市中的存留、工业博物馆在城市中的建立、工业遗产旅游在城市中的开发及工业文化教育在城市中的兴起。再次，界定英国城市复兴过程关联工业遗产的四大利益相关者及六对互动关系。

第四章将通过三条逻辑线展开论述，分别为以工业文化为导向的复兴、以工业精神为核心的复兴及以怀旧情怀为特色的复兴。以此为基础，聚焦到六组对应关系以探讨英国工业遗产对其城市复兴所产生的推进作用。六组对应关系分别为：工业考古与城市社区、工业遗产档案与城市历史、工业遗产文化教育与城市文化、工业遗产景观与城市环境、工业遗产博物馆与城市形象、工业遗产旅游与城市经济。

第五章则反过来探究英国城市复兴对工业遗产的益处，通过分析城市复兴在工业遗产的保护、传承与发展这三个方面所发挥的作用，具象化地探讨城市文化对工业遗产保护、城市社区对工业遗产保护、城市文化地标对工业遗产传承、城市文化空间对工业遗产传承、城市文化区对工业文化发展、城市创意产业对工业文化发展的有益作用。最后对可供开发的英国工业遗产在类别上完成界定及例证。

第六章为实证研究，对世界遗产铁桥峡谷地区的工业遗产与地区复兴展开个案研究，以进一步佐证前面章节的相关结论与观点。主要通过四个方面展开论述，分别为：铁桥峡谷的辉煌与衰退、铁桥峡谷复兴进程的主要利益相关者、铁桥峡谷工业遗产对地区复兴的促进及铁桥峡谷地区复兴对工业遗产的益处。同时重点突出一些具有代表性的地区及与地区复兴有关的贡献者、参与者，如塞文河、达尔比家族、铁桥、社区与志愿者、铁桥峡谷博物馆信托基金 (IGMT)、国际铁桥文化遗产研究院 (Ironbridge International Institute for Cultural Heritage, IIICH)、十座工业遗产博物馆、核心工业遗产景观、工业社区福祉、地区工业文脉等。

第七章探究英国工业遗产与城市复兴互益效应对中国的启示，主要在梳理我国工业遗产与城市发展现状的基础上，分析我国现阶段所存在的主要问题与不足，同时也分析我国具备的潜力与价值，最后结合我国的特点提出我国工业遗产与城市复兴互益效应的改进对策。

第八章则为全书主要研究结果的总结，同时也对未来的相关研究提出了展望。

二、研究方法

在突出研究实操性的前提下，本书主要采取了以下五种研究方法：

第一，文献研究法。本书检索中国知网、CSSCI中文社会科学引文索引、中文科技期刊数据库、维普数据库、万方数据知识服务平台、人大复印报刊资料全文数据库及国家哲学社会科学学术期刊数据库等，搜集整理国内外工业遗产及城市复兴主题相关的已有学术成果，并重点分析英国工业遗产的特点、禀赋、价值以及现状，以及其在城市复兴过程中所扮演的角色与发挥的作用。

由于城市复兴运动在英国率先兴起，同时针对工业遗产的保护利用发轫于英国的"工业考古"运动，而工业考古又源自伯明翰大学，因此笔者重点收集整理本人留学的伯明翰大学国际铁桥文化遗产研究院与工业考古相关的著作及论文（重点关注博士论文），以期客观探究其发展过程，并重点厘清核心概念：工业遗产及城市复兴。同时，笔者通过整理分析 Web of Science、ProQuest、Elsevier、Wiley、Taylor & Francis 及 SSCI 等国外知名学术数据库中的 H-Index 文献，梳理分析英国在利用工业遗产以推进城市复兴过程中所运用和产生的代表性理论、产生的问题及相应的解决办法等。

第二，个案研究法。本书以英国什罗普郡的铁桥峡谷为核心案例展开翔实的调查研究，并重点从三个方面展开探究：一是铁桥峡谷概况，包括塞文河与地区发展、达尔比家族 (The Darby Family) 的工业技术创新与工业精神；二是主要利益相关者的影响，包括铁桥峡谷博物馆信托基金 (IGMT) 的影响、国际铁桥文化遗产研究院的影响；三是地区复兴的主要推动因素，包括十座工业遗产博物馆与区域经济复苏、核心工业遗产景观与区域文化构建。

与此同时，重点从以下英国遗产、文化及旅游相关官方网站收集整理相关资料，主要包括英国国家统计局 (ONS) 官网（https://www.ons.gov.uk）、英国遗产官网（http://www.english-heritage.org.uk）、英国旅游局官网（https://www.visitbritain.com/）、英格兰旅游局官网（https://www.visitengland.com）、

英国入境旅游官网（http://www.ukinbound.org）、英国政府文化媒体及体育部 官 网（https://www.gov.uk/government/organisations/department-for-culture-media-sport）、铁桥峡谷博物馆信托基金官网（http://www.ironbridge.org.uk）、国际铁桥文化遗产研究院官网（http://www.birmingham.ac.uk/schools/historycultures/departments/ironbridge/ index.aspx）等，力求整理到第一手的资料以扩充案例分析的真实性及实操性。

第三，对比研究法。除了铁桥峡谷之外，本书还将在条件允许的情况下，尽可能多地调研其他具有典型代表性的英国工业遗产保护利用案例，包括伯明翰布林德利地区 (Brindley Place)、莱斯特 (Leicester) 的修道院泵站 (Abbey Pumping Station)、曼彻斯特的科学与工业博物馆 (Museum of Science and Industry)、英国泰尔福德镇 (Telford) 梅德利区 (Madeley) 的一座生态博物馆 (Open-air Museum)——布里茨山维多利亚镇 (Blists Hill Victorian Town)、利物浦海事商城 (Liverpool - Maritime Mercantile City)、2017 英国文化之城赫尔 (Hull) 及其老城区、伦敦巴金 (Barking) 文化创意区、伦敦泰特 (Tate) 现代艺术馆等，并通过这些案例与铁桥峡谷的对比，梳理归纳出英国在依托保护利用工业遗产以实现城市复兴过程中所积累的宝贵经验。

第四，数据分析法。笔者重点分析英国工业城市的工业发展相关指数与城市主要经济指标，同时对于工业遗产保护与利用映射在经济领域上的数据进行重点搜集整理。

第五，调查法。笔者留学的伯明翰大学国际铁桥文化遗产研究院与铁桥峡谷博物馆信托基金有长达 30 年的合作关系，凭借这一优势，笔者尽可能地与铁桥峡谷及其十座工业遗产博物馆相关管理者、研究者及基层从业者取得联系，并通过各种访谈的方式咨询铁桥峡谷在选择工业遗产以实现复兴过程中所产生的经验、教训及不同时期所取得的成果等。

第四节　研究创新点与重难点

一、创新点

基于对大量代表性一手外文文献的研习及对英国近 30 个典型案例地的详尽调研，为使研究内容更加完整、论证更加充分、结论更加具体，本书力求在以下三个方面实现创新：

第一，研究视角创新。一般情况下，针对工业遗产与城市复兴的关联研究大多基于单向理论研究视角，即将城市复兴运动视作历史背景或要素发生情境以正向探讨工业遗产对其产生的影响与发挥的作用。而本书还创新地从反向论证英国城市复兴对工业遗产的保护、传承与发展所产生的推动作用。与此同时，为进一步丰富该视角，本书除了依托国际工业遗产保护委员会所提出的工业遗产保护理论以探究英国工业遗产的特点、类型、价值及构成，以及依托城市复兴相关理论以探究英国城市复兴的背景、原则、特点及演进之外，还结合实际整合了三大相关核心理论：丹尼尔·贝尔的后工业社会理论体系、彼得·霍尔的城市发展阶段理论和凯文·林奇的城市意象理论。

第二，新理论观点的提出与论证。以往针对工业遗产的研究大多流于对定义、历史背景、发展脉络及价值等方面的概述性分析，在界定过程中可能会出现论述边界模糊等问题。为此，为使针对工业遗产的研究更加清晰、聚焦、立体，本书基于大量文献研究及田野调查，以"适应性再利用"为核心，从工业遗产中凝练出六个关键因素：工业考古、工业遗产档案、工业遗产文化教育、工业遗产景观、工业遗产博物馆、工业遗产旅游，并使之与城市复兴的六大重要方面相对应，由此形成六组对应关系。同时，为翔实、具体、有效地把握英国工业遗产与城市复兴两者间的复杂关系，本书分别就英国工业遗产对城市复兴的推进、英国城市复兴对工业遗产的益处提出三大理念，力求使两者的互益性更加具体且全面，由此在关联研究领域上实现了对新理论观点的提出与论证。

第三，实证研究创新。现阶段针对国内外工业遗产与城市复兴关联研究的案例稍显单薄，存在单一案例研究不够深入、多案例研究逻辑关联较弱等问题，同时在典型性、适用性等方面稍显不足。为此，本书基于大量调研，除针对英国代表性工业城市展开关联案例研究之外，还利用在英院系学习之优势，长时间深入针对英国首例世界遗产（属工业遗产类）铁桥峡谷地区展开个案研究，以完成对主要论述内容的实证。另外，本书还研究了英国的经验及教训对中国工业遗产与城市复兴互益效应的启示，结合已有代表性研究成果及典型性案例，从现状、问题、原因、潜力、价值及提升策略展开论述，以实现本书对我国的现实意义。

二、重难点

考虑到本书在视角上相对较新及在英留学的一些客观限制，在理论结合实际的情况下，本书将重点从以下五个方面寻求突破与创新：

第一，梳理英国工业遗产的内涵、外延、价值与特点，并归纳英国在工业遗产的适应性再利用问题上所总结的经验与遇到的难题，分别论述英国工业遗产与城市复兴关联性所衍生出的六组对应关系。

第二，分析在推进城市复兴过程中，英国政府将工业遗产作为重要着力点之一的原因及过程，同时梳理工业遗产保护利用与城市复兴演进之间的对应性关系，还探究英国城市复兴在演进过程中，其工业遗产的转型(Transformation)与适应性再利用在不同方面的体现。

第三，分析英国工业遗产对城市复兴所产生的影响，同时梳理工业遗产的保护与利用对英国城市复兴的演进产生了怎样的作用，既包括推动作用，也涵盖局限性与不足之处。

第四，总结归纳英国铁桥峡谷博物馆信托基金(IGMT)的主要发展经验，同时简要探究 IGMT 的发展历程及其与铁桥峡谷的依存关系。

第五，厘清以铁桥峡谷为代表的英国工业遗产景点的类型学框架图，并力求分析到三个层级。

第一章

相关概念界定及理论基础

第一节　工业遗产与城市复兴的界定

一、工业遗产及其特点、类型、价值

（一）工业遗产

对于工业遗产在概念上的界定，目前国内外学界大多以著名的 *The Nizhny Tagil Charter for the Industrial Heritage*，即《工业遗产下塔吉尔宪章》（下称《宪章》）为主要标准及参考文件，例如 L. Loures (2008)、J. Douet (2013)、M. Palmer (2014) 及俞孔坚 (2006)、单霁翔 (2006)、徐震 (2011) 等均将该《宪章》的概念作为主要依据。《宪章》对工业遗产的定义如下：

> Industrial heritage consists of the remains of industrial culture which are of historical, technological, social, architectural or scientific value. These remains consist of buildings and machinery, workshops, mills and factories, mines and sites for processing and refining, warehouses and stores, places where energy is generated, transmitted and used, transport and all its infrastructure, as well as places used for social activities related to industry such as housing, religious worship or *education*.[1]

---

[1] TICCIH: *The Nizhny Tagil Charter for the industrial heritage*, TICCIH XII International Congress, 2003.

本书将其译为：工业遗产包含那些具有历史价值、技术价值、社会价值、建筑价值或科学价值的工业文化遗存。这些工业文化遗存具体涵盖建筑物、机械、厂房、磨坊、工厂、矿山以及相关的加工提炼场所、仓库、商店、能量得以产生传输及使用的地方、所有交通及相关的基础设施；同时还包括与工业生产有关的社会活动场所，如房屋、宗教崇拜或教育。从该定义可以看出，TICCIH 对工业遗产在概念上的理解着重于陈述工业遗产的构成类别，同时也兼顾了工业遗产的社会属性。以下将界定工业遗产的特点、类型及价值。

（二）工业遗产的特点

与其他类别文化遗产相比，工业遗产有其自身的特点，而英国的城市复兴运动正因合理利用了这些特点才取得成功。现简要从四个方面进行分析。

第一，工业遗迹普遍体积大且不可移动，同时不同工业建筑及构件之间存在着生产作业时期所特有的工业呼应关系，因此在城市管理最初对其进行开发和利用的过程中需强调对其的整体性利用，切忌人为将此种共存关系割裂开来。

第二，工业遗迹消除成本高。英国政府大多选择直接在工业遗迹上开展改造与利用的工作，因此对城市发展的土地需求提出了较大挑战。

第三，对于普通大众而言，工业遗产最大的魅力在于其所展现出的新奇工业文化与工业景观，同时这也是城市文化中最有特色的重要组成部分之一。基于此，英国政府在城市复兴过程中尽力避免了对工业构建、元素的简单摆放与枯燥呈现，同时避免了对工业遗迹的"漫画式"处理或者模拟等运用现代化技术手段的处理方式，从而避免了工业文化内涵空洞化，更避免了消解和贬损工业文化的新奇效应，也最大限度地还原了工业遗迹的原有状态与原生意义。

第四，由于工业遗产作业时期的资源利用率低等生产特性使得其普遍存在着污染问题，同时作为城市展览物时还具有一定的危险性，因此英国在开发和利用工业遗产伊始便着眼于周围生态环境的修缮与恢复；而出于进一步增强工业遗产的吸引力、最大限度呈现彼时的生产作业场景、释放大众的想象力等目的，通常使遗留的设备、机器等保持生产或移动状态（在相关安全规章允许的情况下），但均是以安全参观、零伤害操作等理念为首要原则。

同时，《宪章》第四部分"法律保护"的第三条指出：对最重要的遗产地应当给予全面保护，同时任何危害它们的历史完整性(integrity)或组织真实性(authenticity)的介入(intervention)均应被禁止。由此表明工业遗产十分强调不同工业建筑及元素之间的呼应关系，整体性非常突出。另外，工业遗产还具有极高的价值，在类别上不仅包括物质性工业遗产，同时还涵盖了大量宝贵的非物质性工业遗产。

（三）工业遗产的类型

工业遗产的类型划分最早见于早期工业考古学的相关经典著作，例如 K. Hudson (1976) 在专著《工业考古学》(*The Archaeology of Industry*) 中将工业遗产分为矿类及采石场、金属作业、工厂及磨坊、交通、食品及饮料工业；J. Butt (1979) 在专著《不列颠群岛的工业考古学》(*Industrial Archaeology in the British Isles*) 中将工业遗产分为能源及原动机，农业器具及加工工艺及农村手工业，纺织业，冶金及工程，矿类及采石场，化工瓷器及玻璃，交通：道路及运河，交通：铁路及海运，公共服务及设施；G. D. Hay (1986) 在专著《工业遗迹：有插图的历史记录》(*Monuments of Industry: An Illustrated Historical Record*) 中将工业遗产分为农业及渔业、麦芽威士忌酒蒸馏、纺织业、冶金及工程、发动机及机器、提取物及化学制品等关联产业。不难发现，最初对工业遗产类别的划分还不够全面，同时也不够具体，处于探索时期。

随着世界遗产语境对工业遗产关注的增加及工业遗产保护及利用研究的深入，学界对于工业遗产类别的认知也不断扩充，同时也日益细分。其中，最有影响力的分类当属前文所述由 ICOMOS 发布的专门针对工业与技术遗产(Industrial and Technical Heritage) 的文献目录报告册 [1]，其将工业遗产分为 27

① ICOMOS: Industrial and technical heritage bibliography, France: ICOMOS Documentation Centre, 2015.

个门类：鼓风炉、桥（悬臂桥、铁路桥、吊桥、桁架桥）、运河、烟囱、储水箱、手工业、坝、码头、渠道、工厂、食品工业、飞机库、海港、水工构造物、工业城镇、窑炉、磨坊、矿（采矿设备、矿业城镇、矿业建筑、煤矿、盐矿）、博物馆、铁路（铁路设备、铁路站）、制盐所、纺织业、高架桥、仓库、水塔、井、工人住房等；同时，对于工业遗产类别的划分有不断细化的趋势。

除了以上所述物质类工业遗产之外，工业遗产同时还包括非物质工业遗产。在前文所述由 TICCIH 发布的《都柏林准则》中，对于非物质 (Intangible) 工业遗产共提及六次 (TICCIH，2011)。经整理，非物质工业遗产主要包含以下四个方面：为工人群体所掌握的技术、记忆及社会生活；技术专业知识、作业组织及工人组织、复杂的社会遗产及文化遗产；工业生产相关的记忆、艺术及风俗习惯等；流传下来的故事等。

（四）工业遗产的价值

对于工业遗产的价值，国内外学者的研究成果较多。例如刘伯英 (2016: 4) 指出，工业遗产是关键性文化标志，在充当国家及地区经济转型证据等方面发挥了重要作用；马潇等 (2009: 14)、李纲 (2012: 128)、徐柯健 (2013: 16) 及徐子琳 (2013: 50) 指出，工业遗产能够有助于延续地域及国家文脉；而 Dann（1998）指出，工业遗产能够通过激发"怀旧情怀"以对不同目标社会群体（例如工人阶级等）及他们难忘的人生经历从多维度展开阐释，由此通过情感连接的建立来增进其文化认同与归属感等；类似地，P. B. Del Pozo 和 P. A. Gonzalez (2012) 则指出，工业遗产对于追寻及加强区域认同有重要作用。

总结起来，工业遗产主要有以下九个方面的价值：①历史价值，工业遗产是记录人类工业文明的历史资料，同时对于国家文脉及城市工业化进程也具有关键的标志作用；②文化价值，工业遗产对于保持人类文化多样性和创造力、进一步实现人类社会文化的有效传承具有重要价值；③社会价值，工业遗产对于增强社会认同感及归属感同样具有重要价值，同时对于工业社会文化也是关键的见证；④科技价值，工业遗产对于后人了解人类自工业革命以来所取得的科技进步与成果以及对自然规律的探索等具有重要价值; ⑤经济价值, 工业遗产的合理利用能够产生经济收益, 利用英国、德国、日本等国家开展的工业遗产旅游就创造了积极的经济价值; ⑥政治价值, 工业遗产对于任何国家而言都是国家发展进步的最佳佐证, 能够增强民众的民族自豪感与爱国意识; ⑦美学价值, 有特点及代表性工业遗产 (如工业建筑等) 还集中体现了现代主义的建筑美学和机器美学, 包括精密仪器等所表现的设计之美与逻辑之美; ⑧精神价值, 工业遗产不仅承载了广大工人群体及普通大众的集体记忆, 同时也是市民对城市工业化进程的共同体验, 对于凝聚情感具有极高的精神价值; ⑨教育价值, 工业遗产的真实性和直观感能够起到很强的宣传与教育作用。

二、城市复兴及其目标、原则、策略

(一)城市复兴

本书主要关注的是英国语境中的城市复兴理论及实践。从世界范围来看, 英国是最先关注到城市复兴问题的国家, 这与英国首先开启城市化进程息息相关。除此之外, 英国的城市建设及社会经济等诸多方面在二战后百废待兴, 英国政府要解决民众所面临的住房短缺、基础设施严重缺失的问题, 缓解经济发展的萧条与萎靡并使社会回归到战前的有序状态, 英国政府积极调节并加强了对城市发展的规划。总的看来, 英国政府大致采取了开建新城、合理规划、建立现代社保制度、修建住房等基础设施等手段, 以在不同程度上解决城市衰落、环境恶化、区域形象严重破坏、移民潮与社会矛盾等问题。

城市复兴概念的形成并非一蹴而就, 正如绪论中所交代的, 英国城市复兴在概念上大致经历了 5 个过程, 即 20 世纪 50 年代的城市重建 (Reconstruction) → 20 世纪 60 年代的城市重振 (Revitalization) → 20 世纪 70 年代的城市更新 (Renewal) → 20 世纪 80 年代的城市再开发 (Redevelopment) → 20 世纪 90 年代的城市复兴 (Regeneration)。尽管在各个阶段的名称界定及起止时间确立上不同的学者有不同的观点，例如 Tallon, A. (2010) 在其专著《英国的城市复兴》(*Urban Regeneration in the UK*) 中则将该过程划分为了六个阶段，分别为：Physical regeneration (1945—1968)（物质复兴）、Social and community welfare (1968—1979)（社会及社区福利）、Entrepreneurial regeneration (20 世纪 80 年代)（创业复兴）、Competition and urban policy(1991—1997)（竞争与城市政策）、Urban renaissance and neighbourhood renewal (1997—2010)（竞争与城市政策）、Regeneration in the age of austerity (from 2010)（紧缩时代的复兴）。

城市复兴作为一个在很多国家和地区当前仍在进行中的发展阶段，集中体现了不同时期政府及相关群体、个人等各方对城市发展采取干预措施的特点及方式等。20 世纪中后期，面对着经济的萧条甚至衰退以及日益严峻的国家财政危机，英国政府开始推进城市复兴进程。在这一时代背景下，英国以往的政治体制开始发生改变，地方政府被中央政府赋予了较之以往更多、更大的自主权，私有部分的重要性也日益显现。由此，在中央政府所发挥的作用日益减退的前提下，英国很多城市开始了城市的再开发、城市更新、城市复兴等进程，主要目的即推动地区实现可持续的自我发展与更新。

由此，也逐步在理论与实践相互影响的过程中，明晰并确立了政府开展城市复兴的一些纲领性的问题，例如城市复兴的目标、原则及策略等。

（二）城市复兴的目标

从城市复兴的前提来看，由于城市在社会转型的过程中，面对着新经济要素与新兴产业（主要是第三产业）的新需求，衰落后的城市需要在物质、经济及城市管理水平等诸多方面实现复兴。因此，城市复兴的主要关注点既涵盖了城市基础设施建设及相关建筑的物理复兴，同时也囊括了弥合社会矛盾及重塑城市文化等非物质层面的复兴。对于城市复兴的目标，于立、Jeremy Alden (2006: 23) 指出：城市复兴最基本的宗旨是对城市进行社会、经济和文化上的更新，将一个由于衰败而成为整体社会负担的城市转变为社会的一种资产。以英国为例，20 世纪中后期城市复兴成为其政府相关城市政策的最主要内容之一，其主要目的即改善并提升城市建成区域的物质环境及当地居民的生活质量，同时还在稳步对贫民窟问题进行妥善解决的基础上，为公民供给更为优质的住房条件与居住环境。除此之外，英国还注重对中心城区的改造以使其适应动态变化中的经济条件与社会环境，并强调对中心城区多元文化、经济活力与社会氛围的维护与优化。

更具体的来说，城市复兴重视活化城市的经济并在一定程度上恢复城市曾有的社会功能，缓解日益严重的社会排斥问题。同时，由于大多数衰落城市经历了工业化的发展与壮大，因此，解决城市遗留的环境污染问题并提升环境在新时期的整体质量，也是城市复兴的重要目标之一。由此可见，从城市复兴的目标上来看，其并非局部而短期的空间管理或项目开发，而更多地表现为一种全方位、多角度的城市问题解决方案，体现了明显的整体性、全面性与可持续性，同时也强调了城市在地区经济、社会及人文环境等多个方面的持续性改善，包括城市交通规划的改善及城市生态的优化等等。

（三）城市复兴的原则

对于城市复兴原则的探讨，较新的有城市土地学会 (Urban Land Institute, ULC) 于 2014 年 9 月 16 日发布的《让上海更美好：城市复兴的十大原则》报告，该报告旨在为上海未来的规划和发展提供建议。其不仅将来自不同领域的行业领袖们的观点进行了汇总，同时也囊括了全球一些典型城市（如伦敦、哥本哈根等）的案例研究。本书将城市复兴的原则的核心内容整理归纳，如表 2.1 所示：

表 2.1　城市土地学会提出的城市复兴十大原则及核心内容

原则	核心内容
制定长期愿景	强调为城市及居民供给长期的价值和福祉
设计以人为本	应通过文化设施和公共空间增进个体之间的交流与互动
保护文化遗产	珍视城市独有的文化认同与文化脉络
创建综合网络	将交通、公园、商业和其他功能构建为一个网络，以增强城市的连通性
优化土地使用	对于土地的利用应适合所在地区，并回应不断变化的需求
激活公共空间	重点应使空间变得易于通达、服务于大众且让每个人都能参与其中

原则	核心内容
加强协同合作	各行各业专业人士的贡献与协作是实现复兴的关键
建设健康可持续发展社区	可持续性方面的考量不应该仅限于所在的建筑场地，还应当优先考量公共交通、小尺度街区、密集的道路网络和综合功能开发
整合经济发展	产业的聚集能够促进经济增长，并为地区增添新的内容和特性
促进多元	应鼓励功能、人口和美感选择的多样性

由于在现代语境中十分强调城市复兴的可持续性及过程性，以及城市本就属于复杂的动态系统，同时考虑到城市的物质、文化、社会、环境和经济等因素之间的相互关系会受到城市干预的影响，因此对于城市复兴原则的把握还可以从其发展阶段出发。

第一，准备阶段：

（1）以实现对城市及地区的详尽分析与通盘考量为基础；

（2）不仅要注重改善物质条件，还应强调优化社会结构、激发经济活力及改善环境条件；

（3）恪守可持续发展的原则以实施综合整体战略，并通过均衡、有序、积极的方式使变化中的城市问题得到妥善解决；

（4）使城市复兴的目标变得具体、量化而明确，并强调其可操作性。

第二，实施阶段：

（1）实现对于各类资源（如自然资源、经济资源、人力资源等）的最大限度合理利用；

（2）强调各行各业的参与协作，建立多方合作的伙伴关系模式；

（3）建立跟踪机制以跟踪阶段及特定目标的进程，同时要强调对环境和城市地区内外部影响的监控；

（4）适时依据新生的情况及条件以合理调整原定计划，并相应对各种要素的投入进行调节以实现各种发展目标的综合平衡及多目标的实现。

第三，调节阶段：

（1）综合考虑各类新近发生的情况与新近产生的要素，建立合理且持久的战略框架，并确保将各阶层及群体以积极互动的方式纳入该区域的战略框架，以形成有活力的社会网络；

（2）充分考虑到城市及地区不同利益相关者的不同利益诉求，弥合城市中不同群体的矛盾与分化，避免城市人口的流失及经济活力的不足，同时还需兼顾到城乡差距所带来的不同收益程度等，力求通过协商形成战略共识；

（3）使项目开发的体量维持在合理的区间内，避免商业地产或高档次项目的开发对城市及区域战略规划的冲突，同时还应避免不合理开发所衍生的挤出效应，使城市的文化、经济与社会保持应有的活力；

（4）决策者应将所有有关联的政策参数纳入城市复兴的战略规划体系，并对城市及区域产生的变化进行管理，同时，还应秉持发展及可持续的理念，将城市复兴的相关政策与措施转化为城市发展的动力，并强调制度资本的建设。

（四）城市复兴的策略

对于城市复兴策略的探究，最经典的莫过于享誉全球的城市规划学家彼得·霍尔教授所提出的开放政策框架了。该框架不仅一针见血地指出了英国早先城市发展相关政策的症结所在（如过于封闭和保守等），同时还发现正是由于早先政策的不平衡特性使得很多英国城市变得衰落而退后，并基于此构建出了包含政治、经济发展、机构、空间尺度、居住、社会凝聚力这六个方面的开放的政策框架。由于下文将着重分析彼得·霍尔教授的理论，故在此暂不展开。另一方面，经过分析总结，在实践中已推行的代表性城市复兴策略主要有以下三个方面：

第一，多部门、组织等合力，共同推进复兴。由于复兴的对象是将政府的行政干预施加于那些已建成的城市地区，由此，势必在政策推进过程中牵扯到很多不同的公共部门、私有部门及社区组织等。另一方面，由于城市所面临的经济、社会、环境和政治等条件处于动态变化过程中，因而需为之匹配合理且适度灵活的制度结构，同时现实情况表明通过孤立的项目开发几乎无法在真正意义上实现城市建设的可持续发展。与此同时，集体力量的投入与参与是城市实现复兴不可或缺的，尤其不同行业及群体的积极参与与协商是解决城市问题的重要手段之一。换言之，这种策略也可以理解为鼓励多方机构参与复兴进程，尤其是当英国政府意识到重点依靠项目开发的方式已无法产生其最初的成效，加上越来越多的城市出现了一些新趋势，如去中心化 (Decentralization)、郊区化 (Suburbanization)、逆城市化 (Counter-urbanization)、去工业化 (Deindustrialization) 等，使得英国、法国等地将策略置于更为广大的层面，以区域及以上的角度去理解把握城市，并将更多的机构卷入其中以确立整体性战略框架（如法国里昂通过多机构协商将该区域确立为"欧洲城市"，使得其为空间的持续性发展提供引导力及动力）。因此，城市复兴的首要策略即是通过全方位综合的制度结构及特点策略，调动不同领域的组织及个人参与城市复兴的过程。这种策略在有效实现对大型城市扩张进行控制的同时，能够保有并提高中心城区的活力，还能够使基础设施的投资效率实现增长。

第二，秉持以文化为核心的可持续战略导向。2016 年 12 月第三届联合国人居与可持续发展大会期间，联合国教科文组织发布了《文化：城市未来，文化促进可持续城市发展全球报告》(*Culture: Urban Future,Global Report on Culture for Sustainable Urban Development*)，指出面对全球超大城市数量将于 2030 年达到 41 个左右（且每座城市的人口总数将逾千万）的客观现状，应将由城市移民群体蕴含着的多元文化转化为创意等"可持续资源"，因此在很大程度上未来城市在规划及改造上均应坚持以文化为核心。同时，该报告还提出文化能够使城市更加繁荣和安全，同时具备让城市实现可持续发展目标的能力。由此不难看出，城市实现复兴应以实现可持续发展为目标，同时在追求该目标的过程中，应以文化为核心并将城市的多元文化当作重要的可持续资源，合理发挥文化多样性的重要价值。

第三，适时调整城市复兴的策略。城市本身即属于一种复杂的动态系统，城市及地区经济、文化、社会及政治等因素的变化将会影响到城市空间的规划与布局，因此对于城市复兴的策略需不断根据客观实际情况进行相应的调整。例如，20 世纪 60 年代初期，二战后的英国将实现城市复兴的主要方式及手段理解为对物质空间的重修与新建，尤其是受到美国物质空间建设丰硕成果的影响，早期的英国政府十分注重城市中物质空间的修葺与新建。这种策略在早期的确产生了很多积极的效果（如激发了城市的经济活力、吸引了不同资源的投入、改善了城市形象、优化了城市投融资环境等），然而在随后的演进过程中，这种关注新建地产项目并以项目开发为导向的城市复兴难以实现可持续的发展。因此，英国政府适时对城市复兴策略进行了调整，尤其是在 20 世纪 90 年代初期，随着房地产泡沫破裂引发经济萧条，使英国政府开始将施政重点置于宏观意义上的整个城市，并强调了经济整体上的复苏、居民福祉及生活质量的提高以及物质环境的进一步改善。另一方面，在制定城市复兴的策略时，务必将经济、文化、社会、环境、政治等多方面因素纳入通盘考量的范畴，并深刻理解城市系统的复杂性以适时应对变化，使不同的发展影响因素之间建立起紧密的有机联系，以实现城市复兴的策略选择更加具有发展前瞻性及可持续性。

第二节　联合国教科文组织语境中的工业遗产

一、世界遗产委员会对工业遗产的推崇

以先前举办于瑞典首都斯德哥尔摩的联合国人类环境会议 (United Nations Conference on the Human Environment) 为基础，1972 年 11 月 16 日，联合国教科文组织在法国巴黎召开的第十七次大会上正式通过了《保护世界文化和自然遗产公约》(Convention Concerning the Protection of the World Cultural and Natural Heritage)，规定了世界遗产公约的标识，并从世界遗产名录、世界遗产基金、世界遗产委员会、世界遗产中心等方面进行了阐释。同时，该公约除了对文化遗产、自然遗产及复合遗产在概念及外延上进行准确界定之外，还囊括了各项世界遗产在国家和国际两个层级的保护措施等条款。截止到 2017 年 6 月，该公约的缔约国 (States Parties) 数量高达 193

个，为全球缔约国数量最多的国际公约之一，因而在世界范围内具有极大影响力。

世界遗产委员会 (World Heritage Committee) 则成立于 1976 年，由 21 个缔约国所组成，是 UNESCO 架构内针对文化遗产和自然遗产的政府间委员会。其除了负责《公约》的实施及审议来自缔约国的申请（如请求世界遗产基金的援助及相关资金的运用）等事宜之外，还负责审核哪些申报地点能够被列入世界遗产名录 (World Heritage List)。该名录由联合国支持，旨在保护对全世界人类都具有 "突出的普遍性价值" (Outstanding Universal Value, OUV) 的自然或文化处所，属 UNESCO 负责执行的 "国际公约建制"。另一方面，由于列入该名录的地点不仅能够成为世界级名胜，从而能够极大地提高该国及该地区的国际知名度，以在一定程度上提升国家的文化软实力与话语权；同时还能通过发展旅游业产出可观的经济效益和社会效益，并能够享有 "世界遗产基金" (World Heritage Fund) 以不同形式展开的资助，因此世界各国均十分重视 "世界遗产" 的申报工作。

然而该名录在世界遗产语境中的发展之路并非一帆风顺。自 1979 年开始，世界遗产名录开始逐步暴露出了日益严重的差异 (disparities) 与失衡 (imbalances) 等问题[1]。由此，世界遗产委员会开始着眼于提升名录的代表性 (representative nature)，并从 1994 年起举行了一系列 "全球战略" 的专家会议，以通过主题研究等形式增强其应有的代表性。在此背景下，随着工业考古运动在英国兴起与发展，并逐步为其他国家所借鉴，工业遗产的价值与重要性开始逐步受到关注，而 Timothy, D. J. (2016) 指出 UNESCO 已经开始将不断增加着的工业区域登记于世界遗产名录中。

截止到 2017 年 6 月，在联合国教科文组织世界遗产委员会的世界遗产名录[2]中，世界文化遗产共计 814 项，世界自然遗产共计 203 项，世界复合

---

[1]　Michael False: *Global Strategy Studies, Industrial Heritage Analysis: World Heritage List and Tentative List*, Asia-Pacific Region: UNESCO World Heritage Centre, no. 6, 2001.

[2]　相关数据均整理自联合国教科文组织世界遗产委员会世界遗产名录官网。

遗产共计 35 项。时至今日，世界文化遗产仍为最主要的世界遗产，占到了近 8 成的比例，如图 2.1 所示。

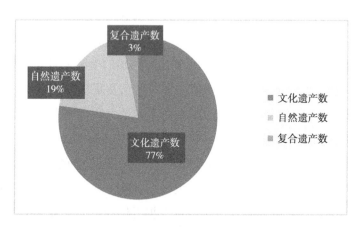

图 2.1　不同类别世界遗产数比例

其中，以刘伯英 (2015: 3) 所统计的"到 2014 年年底，世界文化遗产中的工业遗产数量达到 60 项"[①] 为基础，截止到 2016 年年底，在联合国教科文组织 (UNESCO) 世界遗产委员会所公布的世界文化遗产名录中，世界工业遗产数量已增加到 62 项（2015 年新增两项分别为挪威的尤坎 - 诺托登工业遗产及日本的明治工业革命遗迹，2016 年无）[②]，占到了世界文化遗产的 7%（如图 2.2 所示）。该数据与 Michael False (2001: 10)[③] 所统计的"2001 年世界工业遗产仅占世界遗产的 4%"相比有了较大的提高，这体现了工业遗产重要性在世界遗产语境中的逐步增强。

[①] 朱文一、刘伯英编著：《中国工业建筑遗产调查、研究与保护——2014 年中国第五届工业建筑遗产学术研讨会论文集（五）》，北京：清华大学出版社，2015 年，第 3 页。

[②] 资料来源于 UNESCO 官网，两项遗产相关信息页面分别为：http://whc.unesco.org/en/list/1486、http://whc.unesco.org/en/list/1484［查询日期：2024-07-10］。

[③] Michael False: *Global Strategy Studies, Industrial Heritage Analysis: World Heritage List and Tentative List*, Asia-Pacific Region: UNESCO World Heritage Centre, no. 10, 2001.

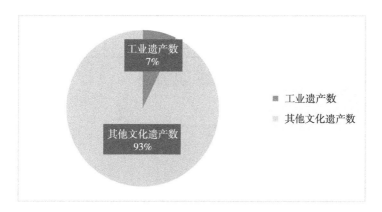

图 2.2　世界文化遗产中工业遗产所占比重

　　英国首个世界遗产为 1986 年入选世界遗产名录的铁桥峡谷，从类别上看属于工业遗产，充分体现了对于英国工业革命发源地及独有工业文化遗产的认可与重视。与此同时，很多学者论述了其蕴含的巨大价值与重要性，如国际工业遗产保护委员会主席尼尔·考森斯 (Neil Cossons)(1978) 提出：铁桥作为世界首座铁制桥梁，是世界工业革命发源地，具有重要的历史地位 [1]；英国著名历史学者巴里·特林德 (Barrie Trinder)(1988) 指出：铁桥代表了英国工业革命的发源地，是英国工业革命的"摇篮" [2]。截止到 2017 年 6 月，英国总共已有 9 项工业遗产入选世界遗产名录，在数量上约占到了世界工业遗产的13%（如图 2.3 所示），居于世界首位，体现了英国工业遗产在世界范围内的重要地位。

---

[1]　Neil Cossons: *Ironbridge: Landscape of industry,* London: Cassell, 1977.

[2]　Barrie Trinder(2nd ed.): *'The most extraordinary district in the world': Ironbridge and Coalbrookdale: An anthology of visitors' impressions of Ironbridge, Coalbrookdale and the Shropshire Coalfield,* Chichester: Ironbridge Gorge Museum Trust (by) Phillimore, 1988.

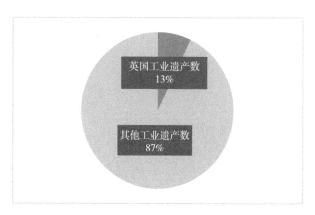

图 2.3　世界工业遗产中英国工业遗产所占比重

另一方面，列入名录中的 9 项工业遗产不仅体现了英国独有的工业文化，同时也彰显出对世界的重要贡献，相关基本情况详见表 2.2：

表 2.2　入选世界遗产名录的英国工业遗产 [①]

中文名称	英文名称	入选时间	所在地区	产权面积（公顷）	主要工业遗产及景观	重要性与历史地位
铁桥峡谷	Ironbridge Gorge	1986年	什罗普郡（Shropshire）	0	铁桥 (Ironbridge)	英国工业革命的发源地
卡莱纳冯工业区景观	Blaenavon Industrial Landscape	2000年	威尔士南部	3290	卡莱纳冯钢铁厂 (Ironworks)、大矿坑 (Big Pit)	英国首例文化景观 (Cultural Landscape)
新拉纳克	New Lanark	2001年	苏格兰	813	现代工业化社区遗产、罗伯特·欧文 (Robert Owen) 故居	欧洲工业遗产之路 (The European Route of Industrial Heritage) 重要地点
索尔泰尔	Saltaire	2001年	西约克郡 (Yorkshire)	1098	Salt 毛纺厂 (Woolen Mill)	欧洲工业遗产之路的起点，维多利亚时期样板村镇
德文特河谷工业区	Derwent Valley Mills	2001年	苏格兰中部	5591.4	理查·阿克莱特的梅森工厂 (Masson Mills)	见证了工厂建筑系统的诞生，是早期现代化工业城市的缩影

---

① 相关数据均整理自联合国教科文组织世界遗产委员会世界遗产名录官网。

中文名称	英文名称	入选时间	所在地区	产权面积（公顷）	主要工业遗产及景观	重要性与历史地位
利物浦海事商城	Liverpool - Maritime Mercantile City	2004年	利物浦	886.5	艾伯特码头 (Albert Dock)、包围式湿漉船坞	见证了18世纪至19世纪世界主要贸易中心的发展历程
康沃尔和西德文矿区景观	Cornwall and West Devon Mining Landscape	2006年	康沃尔郡及西德文郡	19719	圣贾斯特矿区 (St Just)、哈利 (Hayle) 港口	该地区在19世纪初期铜的产量曾占到了当时世界的三分之二
旁特斯沃泰水道桥与运河	Pontcysyllte Aqueduct and Canal	2009年	威尔士东北部	4250	全英最高最长的高架水道遗产、兰戈伦运河 (Llangollen Canal)	工业革命时期土木工程技艺的典范，英国"运河旅游"的重要目的地
福斯桥	The Forth Bridge	2015年	苏格兰福斯河口三角湾	7.5000	福斯桥、水塔附近的达梅尼 (Dalmeny) 主街	世界上最长的多跨度悬臂桥，独具特点的工业设计美学；公认的铁路桥梁史上的里程碑之一

二、国际古迹遗址理事会的地位及其对工业遗产的强调

成立于1965年的国际古迹遗址理事会 (ICOMOS) 主要由来自世界各国的文化遗产领域专家及学者等所组成，主要职责即在于"推广建筑和考古遗址保护理论、方法和科学技术的应用"[1]，其具体工作以1964年通过的《国际古迹遗产保护和修复宪章》[*International Charter on the Conservation and Restoration of Monuments and Sites* (*the Venice Charter*)，即《威尼斯宪章》]中的原则与章程为基准。从该理事会的所处地位上看，ICOMOS 不仅是全球唯一的专门针对古迹遗产等文化纪念物保护与修复的国际非政府组织，同时是由 UNESCO 世界遗产委员会官方指定的世界遗产公约三家顾问机构 (Advisory Bodies) 之一（另外两家为"国际自然保护联盟"IUCN 与"国际文

---

[1] United Nations Educational, Scientific and Cultural Organization World Heritage Center: *Operational guidelines for the implementation of the World Heritage Convention,* France: Paris, no. 7, 2016.

化财产保护与修复研究中心"ICCROM[①])。

要理解 ICOMOS 在世界遗产语境中的重要地位，需通过世界遗产名录的提名来进行解读。根据 UNSECO 世界遗产委员会官方出版的《世界遗产地申报筹备》(2011 年第二版)〔*Preparing World Heritage Nominations (Second edition, 2011)*〕及官方 2016 年 10 月 26 日最新发布的《实施世界遗产公约的操作指南》(*Operational Guidelines for the Implementation of the World Heritage Convention*) 中就预备名录 (Tentative List)、申报程序、世界遗产保护状况的监测程序等相关问题所阐释的内容，世界遗产名录的提名过程整体上可以简单分为六个关键性步骤，如图 2.4 所示：

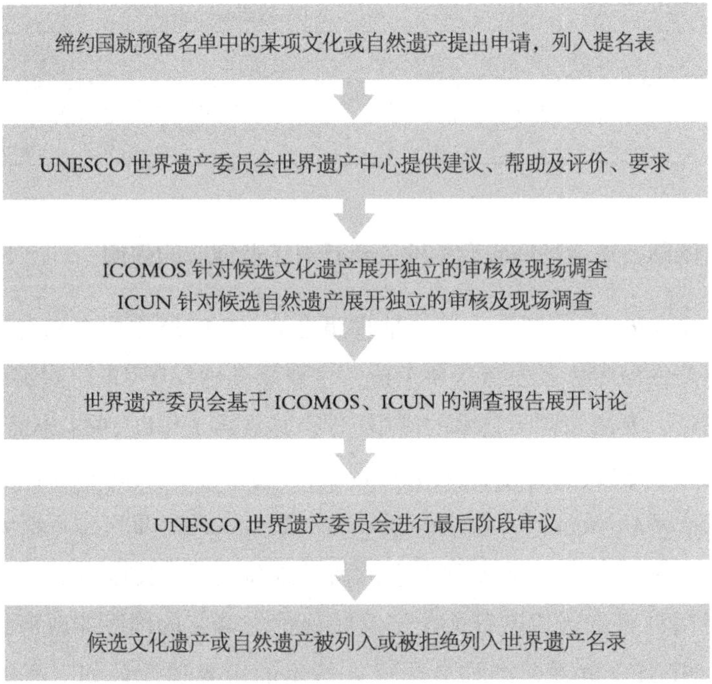

缔约国就预备名单中的某项文化或自然遗产提出申请，列入提名表

UNESCO 世界遗产委员会世界遗产中心提供建议、帮助及评价、要求

ICOMOS 针对候选文化遗产展开独立的审核及现场调查
ICUN 针对候选自然遗产展开独立的审核及现场调查

世界遗产委员会基于 ICOMOS、ICUN 的调查报告展开讨论

UNESCO 世界遗产委员会进行最后阶段审议

候选文化遗产或自然遗产被列入或被拒绝列入世界遗产名录

图 2.4　UNESCO 世界遗产委员会世界遗产名录的简要提名过程

通过图 2.4 可以发现，ICOMOS 在针对世界各国所申报提名的世界文

---

① 资料整理自《世界遗产公约》第 8.3 条。

化遗产所展开的调查、评判及审定等环节发挥了重要作用，对于这项职能在《世界遗产公约》第 14.2 条中界定如下：协助制定和实施加强《世界遗产名录》代表性、平衡性和可信性 (Representative, Balanced and Credible) 全球战略①，主要目的在于通过 ICOMOS 等顾问机构裁定各缔约国所申报的遗产是否具有"突出的普遍价值"(OUV)，并考量相关申报遗产是否满足对其进行保护及管理的相关要求。

对于世界遗产名录中的失衡问题，ICOMOS 早在其 1999 年发布的名为《为实现世界遗产名录上一个更具代表性的文化遗产样本建议》(*Proposals for Achieving a More Representative Sample of the Cultural Heritage on the World Heritage List*) 的世界遗产名录分析报告中指出：名录中主要存在两种失衡问题，一是区域失衡，即某些特定地区（如欧洲、中国等）的遗产更受青睐；二是种类失衡，即某些类别的文化遗产（如欧洲殖民时期的城镇、古希腊的考古遗址等）不成比例地 (disproportionately) 出现。同时，还特别指出"形成对比的是，工业遗产在 20 世纪同样未得到充分性代表"②，体现出 ICOMOS 很早就关注了工业遗产在世界语境中应有的地位与价值。自此，ICOMOS 逐步在世界遗产语境中加强了对于工业遗产的重要价值与特点的关注。在 2011 年 8 月，UNESCO-ICOMOS 档案文献中心 (UNESCO-ICOMOS Documentation Centre) 发布了一份名为《世界遗产名录中的技术与工业遗产》(*Technical and Industrial Heritage in the World Heritage List*) 的专门性报告，围绕 28 个国家所持有的 51 项被列入世界遗产名录中的工业遗产展开论述，包括简要介绍、入选理由及可用档案资料等。

除此之外，ICOMOS 在其最新发布的《2016 年度报告书》(*Annual Report 2016*) 中即在多个方面回顾了其就工业遗产所展开的各项工作，如：（1）由 ICOMOS 委员会在世界各地举办的活动，如 2016 年 3 月 14—16 日在古巴哈

---

① United Nations Educational, Scientific and Cultural Organization World Heritage Center: *Operational guidelines for the implementation of the World Heritage Convention,* France: Paris, no. 7, 2016.

② ICOMOS: *Proposals for achieving a more representative sample of the cultural heritage on the World Heritage List*, France: Paris, 1999.

瓦那召开的主题为拉丁美洲工业遗产的专题座谈会;（2）一些以工业遗产为主题的专著及学术成果，如《ICOMOS 澳大利亚》和《ICOMOS 德国》的封面和内容即是以阐释工业与技术遗产为主（如图 2.5 所示）。

图 2.5 《ICOMOS 德国》封面

值得一提的是，ICOMOS 在 2015 年 6 月专门针对工业与技术遗产 (Industrial and Technical Heritage) 的文献目录发布了一本厚达近 500 页的报告册①，主要有工业遗产的主要构成类别（包括鼓风炉、桥、运河、烟囱、工厂等 27 个门类）、工业遗产的保护、铁路及全球不同地区（分为非洲、阿拉伯地区、亚太地区、北美、欧洲等六个区域）的工业建筑再利用，最后还涵盖了纺织、井、高架桥及工人住宅等方面，体现了其在工业遗产相关文献拥有体量上的充分与全面。另一方面，ICOMOS 在其 2005 年 10 月 17 日举行于我国西安的第 15 届国际古遗产大会上，将 2006 年 4 月 18 日 "国际古迹遗产日" (The International Day for Monuments and Sites) 的主题定为 "工业遗产"，也充分体现出 ICOMOS 对工业遗产在世界遗产领域的重视。

---

① ICOMOS: *Industrial and technical heritage bibliography*, France: ICOMOS Documentation Centre, 2015.

三、国际工业遗产保护委员会对工业遗产的重视

国际工业遗产保护委员会 (The International Committee for the Conservation of the Industrial Heritage, TICCIH) 在 1978 年召开于瑞典的第三届国际工业纪念物大会上正式宣告成立（慈善机构注册码：1079809），其主要宗旨为推动国际就工业遗产的维护、保存、调查、文件编制、研究、阐释及推进教育 (Advancing Education) 等事宜展开合作，其重要目标则主要有四个方面：通过交流与教育宣传推介维护保存的最佳案例；鼓励就保护与管理事宜展开合作及信息交换，并给予专业性指导；提高并传播公众对工业遗产价值的认知与意识；鼓励对工业遗产资源进行梳理及评价①。前文所述的尼尔·考森斯 (Neil Cossons) 是 TICCIH 得以成立的最大贡献者，Douet J(2013: 223) 指出：建立唯一一个国际组织以研究、阐释及保护我们工业遗产的功勋应全部归功于尼尔·考森斯②。

TICCIH 对工业遗产的解读首先体现在由其所发布的相关重要文件上，代表性的文件主要有三个：(1) 2003 年 7 月 17 日，TICCIH 在俄国下塔吉尔 (Nizhny Tagil) 所召开的国际工业遗产保护委员会大会（每三年一次）上通过的《宪章》。从地位上看，《宪章》不仅被视为至今唯一专用于保护工业遗产的国际准则，同时还因其为 ICOMOS 批准及 UNESCO 最终通过而具有很高的权威性。从内容上看，《宪章》具有很强的指导性及规范性，对工业遗产及工业考古的关键性概念及基本方法等首次作出了界定，主要可以分为七个方面，即厘清工业遗产的概念，界定工业遗产的价值，对认定、记录和研究工业遗产的重要性进行梳理，探究针对工业遗产的立法保护，规范工业遗产的维护与保存，针对工业遗产的教育与培训，针对工业遗产的宣传与阐释等。(2) 2011 年 11 月 28 日，TICCIH 在第 17 届国际古迹遗址理事会全体大会上通过的《都柏林准则》(*The Dublin Principles*)，按照文件原文，该准则

---

① 资料整理自 TICCIH 官网：http://ticcih.org［查询日期：2024-07-10］。
② Douet J.: *Industrial heritage re-tooled: The TICCIH guide to industrial heritage conservation*, Left Coast Press, 2013.

主要规定了四个方面（工业遗产地、构筑物、地区及景观）的保护原则，同时还对物质性与非物质性的工业遗产均从不同方面进行了阐释，为世界各国政府、地区及相关组织等进行工业遗产的保护工作提供了参考与执行原则。(3) 2012 年 11 月 8 日，TICCIH 在中国台北通过的针对亚洲工业遗产的《台北宣言》（*Taipei Declaration*），指出亚洲的工业遗产具有重要的价值且正面临着日益增加的威胁。同时提出亚洲的工业发展有别于西方并阐释了其主要特点（如体现了与土地的互益效应、体现了与殖民文化的互益效应），界定了TICCIH 各亚洲地区成员保存与维护亚洲工业遗产的目标。

需要指出的是，作为至今全球首个及唯一一个致力于促进工业遗产保护的国际性组织，TICCIH 与 ICOMOS 关系紧密，在《宪章》的开头部分即指出：TICCIH 是 ICOMOS 在工业遗产保护方面的特别顾问 (special adviser)[①]。而随着世界遗产语境对工业遗产研究的愈加重视，TICCIH 已成为 ICOMOS 的专业咨询机构。同时正如前文所述，考虑到 ICOMOS 是 UNESCO 世界遗产委员会官方所指定的专门针对世界文化遗产的专门顾问机构，及其在世界遗产名录中所发挥的重要作用，可知 TICCIH 在世界文化遗产的工业与技术项目审核、认定等过程中能够起到很大的作用。与此同时，基于 TICCIH 与 ICOMOS 就工业遗产保护 (conservation) 事宜所达成的合作框架文件——《谅解备忘录》（*ICOMOS/TICCIH Memorandum of Understanding*），于 2014 年 11 月 10 日共同发布）中所述，双方将主要在三个领域展开合作，除了就信息与研究的交流展开全球对话和双发组织内部间互相给予支持之外，最重要的一条即是 TICCIH 将"支持 ICOMOS 在执行《世界遗产公约》中所充当的角色"，并将在"具有重大工业遗产潜力的世界遗产地提名事宜上给予帮助"[②]。同时，前文提及的《都柏林准则》实际上也是 ICOMOS 与 TICCIH 的联合准则 (Joint ICOMOS-TICCIH Principles)，这些不仅体现了 TICCIH 在工业遗产

① TICCIH: *The Nizhny Tagil Charter for the industrial heritage*, TICCIH XII International Congress, 2003.

② ICOMOS & TICCIH: *ICOMOS/TICCIH memorandum of understanding*, France: ICOMOS Documentation Centre, 2014.

相关事宜上所具有的世界性权威，同时也体现了其与 ICOMOS 的互益效应。

TICCIH 对于工业遗产的领先性理解与认知还在其出版物上得到了充分体现。比较具有代表性的有 TICCIH 所发布的主题研究 (Thematic Studies) 及出版报告，截止到 2017 年 8 月共发布 6 部，详见表 2.3：

表 2.3 TICCIH 发布的主体研究及出版报告的基本信息

外文名称	对应中文	主要作者	发布时间
Les villages ouvriers comme éléments du patrimoine de l'industrie	作为工业遗产要素的工人村舍	Louis Bergeron	1995 年
Context for World Heritage Bridges	世界遗产桥梁的语境	Eric DeLony	1996 年
The International Canal Monuments List	国际运河纪念物名录	Stephen Hughes	1996 年
Railways as World Heritage Sites	作为世界遗产地的铁路	Anthony Coulls	1999 年
The International Collieries Study	国际煤矿研究	Stephen Hughes	2001 年
Stone Quarring Landscapes as World Heritage Sites	作为世界遗产地的采石场景观	Christian Uhlrich & David Gwyn	2014 年

同时还有 TICCIH 的官方电子公报 (Bulletin)，每季度发布一期，截止到 2017 年 8 月共发布 77 期，主要内容聚焦于世界各地就工业遗产所取得的研究成果及经验，同时对世界各地工业遗产相关的项目、活动、会议等事宜进行宣传推介。同时，还出版了《工业遗产的重组：工业遗产保护的 TICCIH 指南》(*Industrial Heritage Retooled: The TICCIH Guide to Industrial Heritage Conservation*)，该书除了简要介绍 TICCIH 之外，还从工业遗产的价值与意义、工业遗产的记录、工业遗产潜能的释放、工业遗产的分享与欣赏及工业遗产的教育与学习等四个方面对工业遗产展开了详细的理论探讨。

第三节 核心理论

一、彼得·霍尔的"城市发展阶段"理论

彼得·霍尔爵士 (Sir Peter Geoffrey Hall) 是享誉全球的城市规划学家，同时也是著名的城市地理学家。他出生于英国伦敦，曾担任英国皇家科学院

院士和欧洲科学院院士、英国社会研究所所长、区域研究学会 (Regional Studies Association) 创始主席、英国城乡规划协会 (Town and Country Planning Association) 主席等职务，正是因其所取得的一系列卓越的学术成就，彼得·霍尔教授于 1998 年受封为爵士。

彼得·霍尔对于世界范围内的城市研究、区域政策研究以及大城市地区规划等作出了卓越的贡献，不仅是英国政府环境战略规划的顾问，同时还是副首相城市工作组的专家之一，并先后为全球多个城市及地区的政府担任规划顾问。其一生理论成果丰硕，城市及区域规划相关专著已出版超过 30 部，其中最负盛名的当属《城市及区域规划》(*Urban and Regional Planning*) 及《世界城市》(*World Cities*) 了。在理论贡献上，这两本著作也分别对应着他的"城市发展阶段"理论及"世界城市"理论。

对于城市发展阶段的界定，彼得·霍尔通过城市演化模型的构建提出了城市郊区化 (Suburbanization) 的最典型标志：人口的负增长 (negative growth) 在城市中心区域的出现。与此同时，彼得·霍尔还依据该城市演变模型，通过对比城市中心区域和郊区间集聚的向心力及扩散的离心力，将城市发展的演变过程划分为五个阶段：① "绝对集中阶段"，由于大量来自郊区的人口聚集到了城市的中心区域，由此导致了城市中心区域人口的高速增长；② "相对集中阶段"，这时在城市中心区域的人口与和在郊区的人口同时经历了增长的过程，然而向心聚集的幅度要高于离心扩散增长的幅度；③ "相对分散化阶段"，这个阶段第一次出现了郊区人口的增长幅度超过城市中心区域的情况，因此离心扩散处于主要的显性地位；④ "绝对分散阶段"，城市中心区域的人口持续减少，呈现出明显的负增长趋势，因此这个阶段的离心扩散变得更为显而易见；⑤ "流失的分散阶段"，这个阶段属于严重的郊区化阶段，或 "逆城市化阶段"，即大量的人口进入郊区及非城市中心区域，甚至出现了 "空心化" 的现象。另外，在 2002 年第四版《城市及区域规划》(*Urban and Regional Planning*) 的第六章，彼得·霍尔还指出 20 世纪 90 年代的城市规划更多的是出于 "城市复兴的要求"，体现其对城市规划研究的全面性。

对于"世界城市"的理解，同样也是彼得·霍尔所作出的重要学术贡献之一。他于 1966 年在《世界城市》(World Cities) 中指出所谓"世界城市"就是指那些处于世界城市体系顶端的城市，这些城市不仅对全球大多数国家在文化、政治、经济等多方面能够产生世界性的影响，还同时是自己国家的政治权力中心、金融中心或贸易中心，并且还是各类信息的集散中心。通常，这类世界城市能够成功吸引到全球各类专业人才的聚集，并且还必须是世界最重要及最主要的政治权力中心之一，能够成功吸引到重要的国际性组织的入驻，由此在意识形态、文化及社会等不同方面均长期居于稳定的强势地位。与此同时，这类世界城市的娱乐业及服务业等第三产业通常已具备相当的规模且很发达，并且富足阶层的人口体量已占城市总人口的相当比例。

值得一提的是，由于英国最早经历了后工业化、逆工业化等城市发展阶段，因此彼得·霍尔对于衰落后的英国工业城市如何实现复兴也进行了长久的关注，并在 1997 年还提出了后工业化时期的城市具有三个特点：①传统的制造业及传统工业在大多数发达国家及城市中都经历了衰退甚至萧条的过程，尤其是在逆工业化后期，这类城市面临了严重的经济衰退、人口流失、区域形象恶化、社会不稳定、失业及贫困等严重社会问题，并且这类问题具有一定程度的普遍性，由此也引发了全球化等问题；②通常城市化的进程速度会持续提高，由此也使得城市的规模与体量不断扩大，并改变了以往向中心聚集的趋势而呈现出逆中心化 (decentralization) 甚至多中心性的情况，同时也会面临郊区化 (suburbanization) 的现象；③发达国家开始大力发展第三产业，同时整体向高科技信息化迅速转变，并会日益注重新型工业化道路的发展模式。

二、丹尼尔·贝尔的"后工业社会"理论

丹尼尔·贝尔 (Daniel Bell) 是美国著名的未来学家，同时也是当代美国批判社会学最主要的代表人物之一，又是文化领域保守主义思潮的最重要代表人物之一。他不仅揭露剖析了大众传媒与文化危机两者之间所存在的关系，

同时还率先在概念及含义上对"后工业社会"(post-industrial society) 进行了界定及研讨，使之不仅在西方学界引起广泛关注，并发展成为当代西方未来学构想的重要基石，并且还在中国学界产生了重要影响。

具体来看，丹尼尔·贝尔的后工业社会理论最早见于其出版于 1976 年的代表作之一（同时也是未来学的经典著作之一）《后工业社会的来临：对社会预测的一次探索》(*The Coming of Post-Industrial Society: A Venture in Social Forecasting*)，这本在当时仍属对未来进行预测的著作不仅体现了作者对宏观社会走向的超强把握能力，同时还改变了人们从整个人类世界的层面去看待社会的视角，具有重要的影响力。贝尔在书中对人类工业社会的未来进行了系统的探究，同时还对发达国家随之在社会结构上产生的改变及相应的后果进行了深刻解读。从而不仅使得"后工业社会"在概念上得到了迅速而广泛的传播，并且使人们能够更加直观并直截了当地把握工业社会在 20 世纪 60 年代后逐渐开始转型的社会现象。

结合现实情况来看，尤其是考量到 20 世纪中后期英国政府才采取的一系列举措，城市复兴的重点所在即是针对城市中原有的工业区及相关联工业用地所展开，这同样也是后工业社会在现实情况中的具体表现之一。加上全球很多大型城市都在 20 世纪 80 年代关注城市中心区原有工厂及相关工业企业的外迁，不仅拆除了大量工业建筑，还对城市原有的风貌以及城市原有的结构产生了巨大的影响，同时也在很大程度上改变了城市原有的肌理与文化脉络，而这一系列城市面貌发生的改变，以及城市再建设的过程同样也是后工业社会在现实生活中的具体投影。这些举措不仅改善了城市以往的环境污染问题和生态破坏问题，同时还调整了城市的产业结构并实现了产业升级，在为城市供给大片建设用地以实现土地集约利用的同时，进一步有效推进了城市的文化复兴与社会复兴，整个工业社会所经历的巨大变化，并不比人类由农业社会转变为工业社会所发生的改变小。对于这些丹尼尔·贝尔在他的作品中都有相关联的预测与描述，除此之外，他还提出当人类的现代工业社会发展到全新的后工业阶段后，人们会从在工业社会中极高而疲惫的工作参与中解脱出来，变得追求鲜明的个性与多方面的才艺。同时，以往的产品的生产会过渡为服务的供给，理论知识将成为社会的中心地位，而管理对象也由人与自然转变为人与人之间的管理。而信息与时间将成为日益匮乏的资源。

除此之外，丹尼尔·贝尔还运用中轴原理，将社会区分为前工业社会 (pre-industrial society)、工业社会 (industrial society) 和后工业社会 (post-industrial society) 三种不同的发展形态，同时还在与工业社会进行对比的基础上，从文化、政体和社会结构等方面探究后工业社会的特点，为人们描绘并呈现出人类社会在未来可能发展到的阶段。

三、凯文·林奇的"城市意象"理论

作为享誉全球的美国人本主义城市规划理论家和城市规划专家，凯文·林奇 (Kevin Lynch) 提出了著名的城市意象理论，不仅为后人对城市设计理论的研究视角提供了一个崭新的视野，同时也对其他类似现代城市设计和城市规划的相关专业（如建筑、风景园林等）的学科体系建设和发展产生了重大而深远的影响。与此同时，凯文·林奇还以规划教授的职务在麻省理工学院建筑学院任职长达三十年，不仅使由他助力成立的城市规划系发展壮大为全球最顶级的建筑学院之一，同时他本人也因所作出的重大贡献而在 1990 年被美国规划协会 (American Planning Association, APA) 授予"国家规划先驱奖"。值得一提的是，凯文·林奇最富创新精神的当属其在以城市为对象进行分析和规划的过程中，将环境心理学进行了引介，并利用感知环境的方法去分析和研究城市景观，丰富了人们对城市的解读与理解。

凯文·林奇的代表作是 1960 年出版的《城市意象》(*The Image of the City*)，这部著作不仅对现代规划产生了极大的影响，同时也构成了其著名的"城市意象"理论体系。在这本引起学界巨大关注的专著中，凯文·林奇以美国波士顿、洛杉矶及泽西城这三座城市为分析对象，加上其本人长达五年的观察调研和民众调查，改变以往经验主义与理性主义趋于对立的研究视角，

灵活运用心理学与现象学等相关研究方法,把纷繁复杂的城市景观梳理为五个重要组成部分:道路 (path)、边界 (edge)、区域 (district)、节点 (node) 和地标 (landmark),并提出这五大城市景观因素是大众对城市的特点及风貌进行认定的重要依据,而市民脑海中对城市形象的理解及城市意象的感知主要就是由城市景观的这五个方面来组织形成,同时这五大城市景观因素也是城市物质形态的五个表现方面,详见表 2.4:

表 2.4 凯文·林奇的"城市意象五要素"概述

名称	定义	举例
道路	观察者习惯或沿着其运动的路线	街道、小巷、运输线
边界	不以道路为用途的空间边界	铁路、城墙、河岸
区域	二维的面状空间要素	中等或更大的给人进入"内部"感的地段
节点	人进入及离开的战略要点	著名建筑物、广场、道路交叉口、城中区域
地标	不能进入的点状要素	构筑物、山丘、树木、招牌、建筑物细部

一言以蔽之,凯文·林奇认为当人们了解到城市中这五大要素后,就能产生对这座城市的意象。需要指出的是,道路是这五大要素中最核心的部分,因为其他四大要素通常是基于道路而进行规划和设计,甚至就是围绕着城市里的道路而布置和设立。另一方面,凯文·林奇在书中除了着重分析这五大要素之外,还充分考虑了其他设计特性(如空间、结构、主导性、连续性、可见性、渗透性等),并将五大要素与时间和人类的行动轨迹进行归纳统筹,使之整体形成了城市的"可读性"和"可意象性",从而构建出一整套崭新的设计理论与方法。

从后来的实践上来看,凯文·林奇的"城市意象"理论逐步改变了以往将城市设计理解为全凭建筑师或城市规划设计师主观创作的观念,而更加强调在对城市进行规划和设计时,应当深入感知和把握城市原有的人文特点及历史条件,同时还应考虑到不同城市独特的城市氛围及自然环境,对所有不同方面进行有效地整合和组织,使提出的规划能够契合城市自身的特质。与此同时,凯文·林奇的理论告诉人们优秀的城市是通过细致入微而长时间的观察和分析才能规划出来的。由此，以往习惯从高处去主观设计城市的规划师及建筑师们开始重视民众对于城市的切身感受，也逐渐变得更加深入城市，而美国也逐步引发了城市规划领域的大变革：从自上而下的"工程式规划"转变为自下而上的"社会式规划"。

简单说来，凯文·林奇通过对广大普通民众解读和组织城市空间信息长达五年的实地调研，并通过让民众凭借脑海中的记忆以绘制城市的认知地图 (cognitive map) 以总结提炼民众对城市的整体共有印象。同时参考近百本相关图书与资料，成功地首次构建了凭借视觉以感知城市物质形态的全新大尺度城市设计理论体系。这不仅使人们第一次意识到了人类主观感受与城市客观物质环境之间存在的关系，还为人们充分展示了如何从环境意象及城市形态这两个方面对城市物质形态及空间内涵进行阐释与理解，并使后来的城市规划师及设计师们关注其所提出的设计蓝图能否为民众供给与城市意象相契合的形体特征与空间结构。

第四节　英国可供开发的工业遗产类别

从时间上看，工业化进程开启于英国，并在欧美各国得到了蓬勃发展，其中部分国家的部分城市也相继进入了城郊化、去工业化或后工业化进程，并由此引发了一系列的社会问题，而针对工业遗产的城市复兴越来越多地被视作最有效的解决办法之一。为对下文进行理论准备，基于大量案例的实地调研，本书根据工业遗产在以往生产作业时期所承担的主要功能，将英国可供开发与利用的工业遗产分为三类：第一类为工业生产类遗产，第二类为工业交通类遗产，第三类为工业社会类遗产（详见图 2.6），并分别通过若干实拍图片进行了例证与分析。

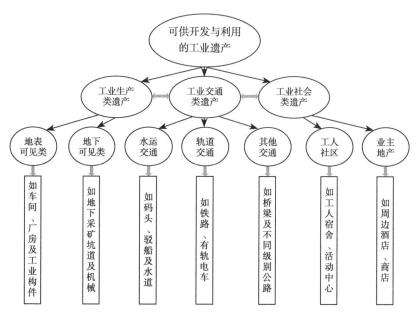

图 2.6　英国可供开发与利用的工业遗产

一、工业生产类遗产

在第一类工业生产类遗产中，考虑到 Goodall(1993: 99) 所提出的"工业遗迹普遍体积大，且不可移动"的特点，本书基于该类工业遗产是否地表可见进行了初步的划分。同时，最为常见的地表可见工业遗产以工厂及工业构件、设备为主，例如在位于英国泰尔福德镇 (Telford) 梅德利区 (Madeley) 的一座生态博物馆 (Open-air Museum)——布里茨山维多利亚镇 (Blists Hill Victorian Town) 中，就独具匠心地放置了大量使用于英国 18 世纪中后期的工业构件，如图 2.7 所示。同样的例子还较多地见于英国煤溪谷铁器博物馆 (Coalbrookdale Museum of Iron) 及引擎动力馆 (Enginuity) 中。而在地下可见类工业遗迹中，以遭到废弃的矿洞及矿物冶炼场所为主，例如位于英国铁桥峡谷的核心工业遗产熔炉 (Furnace)，如图 2.8 所示。

图 2.7　位于布里茨山维多利亚镇的
一处工业构件 [①]

图 2.8　挖掘出的 "熔炉"
炉料装料斜坡 (Charging Ramp)

二、工业交通类遗产

对于工业交通类遗产而言，本书依据不同的交通方式初步将其划分为水运交通类、轨道交通类及其他交通类，其中英国比较具有代表性的水运交通类工业遗产当属伯明翰布林德利地区，该区位于英国伯明翰市中心西侧。从时间起点上看，18 世纪中后期为降低铁器等金属制品及相关工业原材料的运输成本，英国在伯明翰市中心西部开凿了一条被英国誉为 "使伯明翰牢固确立为英国运河系统心脏" 的伯明翰运河（如图 2.9 所示）。该运河由工程师詹姆斯·布林德利 (James Brindley) 主持修建，而布林德利地区即是以区域命名来纪念这位工程师。如今，市场化运作方式的成功使布林德利地区的工业遗产得以幸存下来，而随着工业遗产旅游在该区的开展，以往用以承担工业贸易运输环节的运河被住宅、酒吧、商业中心、办公楼、文化设施及咖啡厅围绕，取得了较好的社会效益与经济效益，"成为伯明翰备受青睐的投资热点地区"。除此之外，布林德利地区中部还保有一批承担运输作业的驳船 (barge)，同样也是宝贵的交通类工业遗产。而如今该区已使其衍生为一项个性化旅游增值服务，如图 2.10 所示。同时，作为铁路的创始国，英国保留了较多包括铁路等在内的轨道类交通工业遗产，在伯明翰、曼彻斯特、利物浦等英国著名工业城市中较为常见。

---

① 文中图片若无特殊说明则为作者自摄。

图 2.9　布林德利地区标注 "使伯明翰牢固确立为英国运河系统心脏" 的宣传牌

图 2.10　布林德利地区中部停放的驳船

　　而在其他交通类工业遗产中，不得不提英国最重要也最负盛名的工业遗产之一——铁桥，如图 2.11 所示。在西方学界中，很多学者均从不同的角度论断了铁桥的重要地位，例如国际工业遗产保护协会 (TICCIH) 首任主席尼尔·森斯 (Neil Cossons)(1978) 提出：铁桥作为世界首座铁制桥梁，是世界工业革命发源地，具有重要的历史地位；英国著名历史学者巴里·特林德 (Barrie Trinder)(1988) 指出：铁桥代表了英国工业革命的发源地，是英国工业革命的 "摇篮"。

图 2.11　英国世界文化遗产铁桥峡谷核心景观——铁桥

三、工业社会类遗产

英国皇家学会会员朱利安·索雷尔·赫胥黎爵士 (Sir Julian Sorell Huxley) (1996: 17-18) 提出了 SOCIOFACT（初译为"社会制品"）及其所涵盖的三个类别：亲属关系 (kinship)、家庭关系 (family relationship) 及社会组织 (social organizations)，在西方学界造成了很大的影响。受此启发，本书初步将工业社会类遗产分为两类，即工人社区及业主地产。

工人社区主要包括在工厂生产作业时期由工人居住的各类工人宿舍，同时还指供工人开展工业及生活活动的各类场所、空间等。在工厂建立早期，由于大多数工厂选址城市、河边或毗邻矿产等地，而当时的交通条件又相对较差；同时考虑到当时工人管理规范化程度、科学技术发展水平远不及如今，部分工人宿舍毗邻着工厂及工业资源区，由此能够较好地体现当时的历史特点及环境特征。同时，工人及雇主、业主们的居住区还集中展示了在工业活动及工业进程推进下，城市基础设施的演进历程。更为重要的是工人群体是工业文化的重要一环及核心组成部分，他们不仅是城市工业化进程推进过程中的主要参与者及见证者，同时还是工业化精神的传承者与传播者。由此，包括工人宿舍、职工社区等在内的工业社会类遗产同样具有重要的历史地位及很高的保护价值，同样应当被视作重要的工业遗产开发利用资源。2000 年位于英国威尔士南部的布莱纳文 (Blaenavon) 被列入世界遗产名录，除了该区在 19 世纪是世界主要的煤、铁产地之外，还得益于其颇具特色的工人宿舍。

在另一方面，不同类别的业主所有地产也是工业社会类遗产的重要组成部分。通常情况下看，工厂的建立与发展与本区域内其他经济形态及产业类别的兴起与发展息息相关。而当发展壮大的工厂成为城市经济发展的主要贡献者时，庞大的工人社区则会应运而生，众多资本、技术也会相继投入该区域。而从某种意义上说，此类资本及技术的涌入也体现了整个城市甚至整个国家发展脉络的一部分，同时也碎片化地体现了政府政策的演进历程及大众审美情趣的发展脉络。因此，依托工厂而逐步发展而来的各类商店（如图 2.12 所示）、酒店及不同类别的生活及娱乐场所也有较高的旅游开发价值。

图 2.12　在英国铁桥峡谷所保留的建于 18 世纪中后期的现为打印店的建筑

第五节　本章小结

本章集中探究了全书所涉及相关联的核心概念及关键理论，为全书构建了完整的理论框架及核心语境。首先，本章第一节首先通过代表性文献的参考与重要文件的引用等，梳理并界定了"工业遗产"和"城市复兴"这两个全书的核心概念，同时还结合笔者实地调研的所得分别延伸探究了工业遗产的特点、类型及价值，以及城市复兴的目标、原则及策略。其次，从联合国教科文组织 (UNESCO)、国际古迹遗址理事会 (ICOMOS) 及国际工业遗产保护协会 (TICCIH) 这三大文化遗产及工业遗产相关联的国际性组织切入，分析了在最高层级的全球文化遗产语境中对工业遗产的认知与理解。再次，为进一步完善全书的理论架构并增强全书的理论深度，笔者简要概述了与工业遗产和城市复兴关联度最高的三大代表性经典理论，分别为：彼得·霍尔 (Peter Hall) 的"城市发展阶段"理论、丹尼尔·贝尔 (Daniel Bell) 的"后工业社会"理论、凯文·林奇 (Kevin Lynch) 的"城市意象"理论，由此以期使下文的结论更加具有说服力，并使英国工业遗产与城市复兴的关联性研究更加具有深度。最后，本书界定了英国在推进城市复兴运动过程中可供开发与利用的工业遗产的三大类别：工业生产类遗产、工业交通类遗产、工业社会类遗产，同时还具体到了三级分类并适时通过实地拍摄的图片等资料进行了例证，以为下文进行必要的理论准备。

第二章
英国城市的复兴、工业遗产的转型
及两者利益相关性

英国工业革命解构了原有的社会形态，引发了社会文化生活的变迁，同时也推动了城市形态的发展演变。在工业化进程步入衰退阶段之后，英国城市管理理念开始逐步发生改变，从最初对工业遗留物的弃置不管到随后将其视为文化资源并进行产业化开发，该过程即构成了工业遗产转型的重要组成部分，由此可见英国城市自身的演变与该转型过程密不可分。依凭英国《国家遗产法》(National Heritage Act) 所成立的英格兰遗产委员会在工业文化遗产保护与利用工作中占主导地位，而地方政府则通过规划审批控制，确保任何涉及工业文化遗产的建设项目都能提供科学、合理的保护方式，并落实长期的维护和管理任务，由此即表明英国政府层面在改变城市管理方式时对其工业遗产的重视。本章将详细探究英国城市管理在城市复兴所处不同阶段所依托的不同侧重点，并具体研究英国工业遗产转型的兴起、方式及表现形式，还研究了英国在推进城市复兴进程中关联工业遗产所包含的主要利益相关者及其互动关系。

第一节　城市的衰落与复兴

若要探究英国城市的衰落，需首先从更早的时候英国一些城市的勃兴开始谈起。众所周知，18 世纪中后期到 19 世纪中期，英国发生了彻底改变英国乃至整个世界的第一次工业革命，不仅使英国传统的经济结构由农业经济逐步过渡为工业经济，同时还发生了显著的人口重新再分配，即城市人口出现了大幅度的增加，由此也引发了英国的城市的迅速发展与城市化进程的加速推进。对此，在由 Gardiner, V、Matthews, M. H. (2000) 主编的专著《英国的地理变化》（第三版）(*The Changing Ggeography of the United Kingdom, 3rd edition*) 中，Herbert 在第十篇《城镇和城市》(*Tonws and Cities*) 这篇论文中指出：(城市人口的增长) 为英国"城市社会"(Urban Society) 的形成奠定了基础。同时，蒂姆·霍尔 (Tim·Hall)(2001: 7) 在《城市地理》(*Urban Geography*) 中也指出：伯明翰 1800 年的人口为 71,000 人，1901 年已增长到 765,000 人，增长了十多倍，也充分佐证了英国相关城市人口增长的迅速。因此，英国在这个时期城市的发展是以工业化为宏观时代背景，同时持续进行的工业革命不仅在很长一段时间吸引了各类新兴资本，而且还为英国国民经济的持续增长作出了重要的贡献。

与此同时，Tallon, A. (2010) 在《英国的城市复兴》（第二版）(*Urban Regeneration in the UK, 2nd edition*) 首章即指出：到 19 世纪中期，居住在英国城市中的人口要多于居住在乡村的人口。由此充分说明，城市工业化进程的开启及城市人口的大幅度增加是英国城市大力发展的重要推动因素之一。而在工业革命的中后期，英国城市的形态与构成受到了前几批定居到新城镇及城市居民们的影响，加上当时交通技术的改进与提高，使得城市的影响不仅得到了迅速的扩大，同时也加速了城市的中心化 (centralisation) 发展趋势。随着城市产业结构调整的日益深化，英国的城市化进程与工业化进程迅速得到了持续的强化，在带来巨大经济收益的同时，也产生了很多问题和挑战。

更为严重的是，在初期管理缺失状态下的城市发展产生了很多日益严重的问题，如市政腐败 (municipal corrucption)、贫民区、废弃区、贫困阶层的分化等，加上工业资本主义 (industrial capitalism) 的深化发展，及包括工人阶级暴动等在内的道德危机在城市的发生，英国很多城市的政府在 19 世纪后期开始主动对资本主义工业城市进行管理，很多政治家及社会改革家们开始关注并探究愈演愈烈的各种城市问题，并采取了积极的干预措施。虽然在此期间并未构建出成熟的城市规划系统（这个阶段英国政府对城市施加的行政干预大多属于"城镇规划"，而不是城市复兴），但英国大部分工业城市及相关地区的发展得到了妥善的管控，例如这段时间的大多数相关举措重点关注于改善城市中贫困阶层的物质居住环境及卫生环境等，均取得了较好的社会效益并产生了很好的一系列效果。然而尽管如此，英国政府的决策者及社会改革家们依然很难做到与急速骤变的社会步调一致，对于随后出现的郊区化 (suburbanization)、逆城市化 (counter-urbanization)、去工业化 (deindustrialization)、后现代城市（或经济萧条中的城市发展）等将在下文着重展开分析与探究。

一、郊区化与逆城市化的形成

第二次世界大战以后，全球范围内很多发达国家的大城市开启了郊区化与逆城市化的进程，作为城市在人类社会所发展到的高级阶段及世界城市化进程所呈现的新趋势，郊区化与逆城市化二者很难在时间上进行严格的区分。总的说来，从形成原因、具体表现及产生影响等方面上看，两者息息相关且密不可分。对此，Tallon, A. (2010:12) 就指出：从本质上看，郊区化与逆城市化是无法区分开的，是别无二致的 (indistinguishable)。

从内涵上看，郊区化主要是指城市的郊区化，是指那些大城市在发展历程中经历了"中心区绝对集中""中心区相对集中"和"中心区相对分散"等阶段之后，在新时期所经历的一个城市中心区人口开始绝对数量下降的"中心区绝对分散"的阶段。其具体表现主要为郊区出现了越来越多由城市中心区迁出的人口、商业、工业等，导致城市中心及相关区域开始了经济的衰落与萧条，例如 B. 罗柏森、赵小兵 (1987: 18) 指出：1951 年曼彻斯特市总人口超过 75 万，但 1981 年已不足 50 万，超过 1/3 的人口离开了城市。[①] 而这种人口的减少与城市的衰退在当时很多英国大城市都有发生，具有普遍性。

---

① B. 罗柏森、赵小兵：《城市衰落与城市政策》，《地理科学进展》1987 年第 1 期。

　　与此同时，随着大量城市人口迁回郊区及一些专业化程度较高的城镇，相关政府对城市的管控策略开始发生了改变，各类投资及资源的流向也发生了改变。与之相类似的是，由于城市原本所具有的在文化、政治、经济、居住、社会及消费等方面的主要功能开始呈现分散的趋势，加上各类城市问题的不断恶化（如环境污染、犯罪率增长、种族矛盾、交通拥挤等），使得大量人口从城市迁入远郊并逐渐形成了宜居的生态区。由此，城市人口集中的重要特征开始逆向发展，这一过程就是逆城市化，在一定程度上也可以理解为城市的"空心化"现象。对此，英国也不例外。

　　到了 20 世纪初期的英国，随着工业在城市发展到了新的阶段，以及科学技术的迅速发展尤其是更加灵活的交通出行方式的产生（如私家汽车的兴起）等，使得很多英国大城市及相关地区的人口及资本出现分散化 (deconcentration) 和去中心化 (decentralisation) 的趋势，由此开启了城市的衰落，尤其是城市中心区（或"内城区"）的衰落。而这一发生在英国城市发展过程中的质变，除了交通技术的发展等方面是影响其相关城市发展进程的关键因素之外，市民意识的整体性增强、经济扩散性发展等也是重要原因。

　　发展到 20 世纪中期，英国很多大城市中心区的边缘化发展趋势变得更加明显，而其逆城市化 (counter-urbanization) 进程也于 20 世纪中后期逐渐开启。与逆城市化进程息息相关的是，郊区化同样在二战后的几十年间逐渐成为主导性的城市发展趋势。尽管它对于城市外环地区及远郊区域的发展大有裨益，然而中心城区及内城区经济的萧条与整体性的衰落也同样是其造成的后果。需要指出的是，英国城市所经历的这种离散化 (dispersal) 过程呈现出了前所未有的零散化特点，并且该过程一直持续到了 21 世纪初期。

　　在这个时期，英国主要中心城市的土地开发与项目开发开始更多地转移到城市的边缘地带，不仅使得远离城市中心等相关地区的影响力开始迅速增强并持续了几十年之久，而且还使得区域尺度的人口流动及经济活动发生了大幅度的转变。加上英国市中心地区与边缘郊区之间悬殊的地价、住宅需求对土地压力的不断增强、传统工业的凋敝以及城市中心区原有购物功能的衰减等原因，英国很多城市从初期的人口居住郊区化和工商业郊区化阶段过渡到了成熟的服务业和办公场所郊区化阶段。

除了造成城市中心区经济崩溃、失业人口剧增、大量土地废弃、种族矛盾等城市问题之外，这些产生的新情况与新趋势也导致了英国相关城市政府政策的改变。在这个时期，受大部分城镇及乡村规划管控的影响，英国城市及地区的经济规划开始出现遏制性的趋势。尤其是随着英国北部及西部的显著衰落及去工业化 (deindustrialisation) 所造成的影响日益加强，对城市中心区开发政策及发展活动的遏制与管控变得更加频繁。从本质上看，由于新的经济因素情况过于复杂多变，导致当时推出的一些新兴举措及法案体现了当时英国城市及地区经济政策的连续性很难得到保障，如"新城镇"和"城市扩张计划"等。然而尽管如此，郊区化与逆城市化同样也在一定程度上产生了一系列积极作用，例如通过对大城市中心区的人口过度集中、住宅紧张、交通拥挤状况等情况的改善，促进了人地关系的进一步和谐，同时在优化并提高城市环境质量的基础上，还进一步协调了城市的相关产业、部门及行业在地区的布局，对城市主体功能的发挥（如流通、生活、消费等）有增益作用。

二、去工业化进程的开启

去工业化 (de-industrialization)，又称"非工业化"或"逆工业化"，最早出现在 20 世纪中后期的美国、英国等西方发达国家，具体表现主要为在相关国家或地区的制造业劳动力占总劳动者比例的持续下降，而服务业就业人数的比重的持续上升。对此，Moore and Begg (2004: 327-340) 在《城市事务：竞争力、凝聚力和城市治理》(City Matters: Competitiveness, Cohesion and Urban Governance) 一书的第六章《英国城市的发展与竞争力：长远视角》(Urban Growth and Competitiveness in Britain: A Long-run Perspective) 中就指出：1971 年到 2001 年，英国最大的 20 个城市的制造业就业人口流失了 280 万人，并同时增加了 190 万个就业岗位。

去工业化现象主要发生在那些以资源为基础并倚重传统制造业的相关

工业城市，而形成的原因除了城市地区的土地、工资等生产成本太高和市中心区生活环境质量恶化等之外，生产资源的枯竭和生产成本的上升也迫使传统制造业外迁，因此直接导致了相关地区传统制造业比重的迅速下降。除此之外，科学技术的发展使得一些制造业能够将生产过程中的某些劳动密集型部分向发展中国家进行分散，这也加剧了去工业化的进程。由此导致传统制造业发展停滞不前，还使得原本集中于传统制造业的就业岗位开始大量流失并转向了第三产业。更为严重的是，去工业化还使得相关西方国家的虚拟经济膨胀过度，并由制造业严重萎缩引起了以工业制造业为核心的实体经济的"空心化"，在很大程度上导致了2008年世界金融危机和欧债危机的爆发。

到了20世纪末期尤其是20世纪70年代，由于北美及欧洲的很多城市的建立与发展都仰赖于19世纪初期和中期的工业资本扩张，并且这些城市中工业的勃兴也在城市发展的历史中占有举足轻重的地位，因此去工业化进程对全球很多国家的工业城市造成了巨大而深远的影响。对于英国而言，到了20世纪末期，很多老工业城市的传统制造业均遭受了急剧的衰退，除了引起城市区域形象的恶化、环境污染问题突出、社会矛盾及排斥现象严重之外，还引起了严重的劳动力外流及失业问题。包括英格兰北部及威尔士南部等地区均蒙受了严重的经济损失，尤其是那些倚重传统制造业的城市及地区，而遭受损失最为严重的还是内城地区。就此，彼得·霍尔（1985: 3-12）在英国皇家城市规划学会（Royal Town Planning Institute）的官方期刊《规划师》(The Planner) 中就曾直言不讳地指出：科技及对外竞争（foreign competition）耗费了100年（从1851年到1951年）的时间才将农业工作者的数量减少了一半，然而制造业的工作岗位减少三分之一仅花了13年（从1971年到1983年）的时间。

更为严重的是，英国有很多人甚至在最多长达一年的时间里处于失业状态，并且失业问题集中在了曾经一度占据了国民经济主导地位的传统制造业中，这使得几乎每个英国的主要城区都在1960年到1982年损失了1/4甚至一半以上的就业人口。与此同时，对于由传统制造业凋敝所导致的严重失业问题，英国政府也给予了描述与分析。在 2010 年 12 月 10 日由英国商业、创新和技能部 (The Department for Business, Innovation and Skills, BIS) 发布的英国的《制造业：部门的经济分析报告》(*Manufacturing in the UK: an Economic Analysis of the Sector*) 中指出：1975 年在传统制造业中的就业人数为 740 多万，然而 2009 年仅为 260 多万，占到了当时英国劳动力总数的 8%[①]。另一方面，由于大量制造业就业人口流向了新兴的第三产业，并且在第三产业就业的人数长期以来低于从传统制造业中流失的就业人口，由此形成了显著的"就业缺口"(jobs gap)，也对后来的英国城市政策产生了重要影响。

另外，失业问题对英国很多阶层及人群造成了尤为严重的恶果，如年轻人、中老年人、男性及少数族裔群体等。随着经济全球化趋势的日益深化，英国大量工厂被迫关闭，加上土地的供不应求及国际竞争的日趋激烈，使得英国很多城市开始推进城市复兴，并将越来越多的非经济单位关闭。由此还使得越来越多的公司、企业等资本组织形式开始在城市中建立，而那些搬离到内城以外的企业则获得了更大的成功，信息技术及服务业就业岗位显著的增加，尤其是在英国的 M4 走廊相关地区[②]。与此同时，自 20 世纪 40 年代开始，在如伯明翰、谢菲尔德、曼城、利物浦及格拉斯哥等城市中，由于科学技术的迅猛发展使得自动化生产系统取代了大量的人力劳动力，大量就业人口流向了英国的郊区及乡村地区甚至其他国家，由此所导致的内城工业产能的大量投资缩减甚至一直持续到了 20 世纪末期。

为了应对这一系列问题，英国很多早先的制造业城市开始在物质上寻求转型，采取的措施包括但不限于通过投资酒店、零售业、休闲产业及会议中心（如图 3.1 伯明翰国际会议中心）等推进城市经济的复苏，由此，英国的城市复兴及城市政策对城市景观、经济、形象及社会地理等方面产生了一系列的影响，下文将着重进行分析。

---

① 资料翻译整理自英国政府官网：https://www.gov.uk/government/publications/manufacturing-in-the-uk-economic-analysis［查询日期：2024-07-10］。

② M4 走廊是很多世界知名科技公司总部（如微软、惠普等）的所在地，因其毗邻着英国连接伦敦到西威尔士的高速公路"M4 高速公路"而得此名，同时也有英国的"硅谷"之称。

图 3.1 伯明翰国际会议中心 (The International Conference Centre,ICC)①

三、后现代城市的提出

随后，欧洲及北美的城市形态及城市类型发生了转变，并逐步过渡到"后工业城市"或"后现代城市"，与工业城市或现代城市有很大的区别，在城市结构等多个方面表现出了鲜明的差别。对于"现代城市"与"后现代城市"的不同之处，蒂姆·霍尔 (Tim·Hall)(2006: 100) 在《城市地理》(*Urban Geography*) 第三版中分别从城市形态 (urban form)、城市规划 (urban planning)、城市经济 (urban economy)、社会及文化 (society and culture)、建筑及城市景观 (architecture and the urban landscape)、城市政府 (urban government) 等方面进行了详细的分析与探究，详见表 3.1。

---

① 本图选自伯明翰国际会议中心官方网站：http://www.theicc.co.uk/about-us/［查询日期：2024-07-10］。

表 3.1 "现代城市"与"后现代城市"的不同之处 [①]

项目	现代城市	后现代城市
城市形态	1. 同质化的功能分区 2. 有占主导地位的商业中心 3. 离中心越远，地价持续下降	1. 混乱而多核的结构 2. 极度壮观的中心 3. 存在大量贫困人口 4. 后郊区边缘城市发展
城市规划	1. 城市在整体上进行规划 2. 为社会目的而设置城市空间	为审美需求而将碎片化的空间进行设计
城市经济	1. 工业 2. 大量生产 3. 规模经济 4. 以生产为主	1. 以服务业为主 2. 以缝隙市场为主的柔性生产 3. 范围经济 4. 全球化 5. 以无线电通信及信息为基础的金融 6. 以消费为导向 7. 边缘城市区的工作
社会和文化	1. 按照阶级划分群体 2. 在阶层群体中具有高度的内部同质性	1. 高度碎片化 2. 按照生活方式划分群体 3. 社会两极分化严重 4. 按照消费模式划分群体
建筑及城市景观	1. 功能性的现代主义建筑 2. 风格上进行量产	1. 为折中的"拼贴画"风格 2. 壮观的 3. 有趣的 4. 讽刺的 5. 遗产的利用 6. 为专门市场生产产品
城市政府	1. 由政府管控 2. 管理的属性：出于社会目的对资源进行重新分配 3. 必要服务的公共供给	1. 治理 2. 创业的属性：利用资源以吸引国际资本及投资 3. 由城市当局进行地段提升 4. 公私领域展开合作 5. 服务由私人供给

除此之外，在 Michael Pacione (2009) 出版的第三版《城市地理：一个全球视角》(*Urban Geography : A Global Perspective*) 的第七章中，通过构建的同心圆模式 (concentric zone model) 指出，城市的地价会随着离该中心越远而越低，而这也与以往城市的城市形态息息相关：即通常由一个占据主导地位

---

① 资料节选翻译整理自 Hall, T.: *Urban geography*, London: Routledge, 3rd edition, 2006, p.100.

的城市中心区及同质化功能区等所共同构成。然而，后现代城市具有"无中心"(center-less) 的特点，并且处于缺乏秩序、多核的、脱节的状态。同时，Dear, M. J. (1999) 在专著《后现代城市条件》(*The Postmodern Urban Condition*) 中指出，后现代城市形式是无法预测的，并且很难通过图表等介质与形式进行恰如其分的表现。另外，后现代城市在空间分布上还具有两极化的特点，有的地方处于更新期并且贫困，而还有地方属于高科技工业走廊，有的则是城市边缘发展区。

第二节　城市复兴的演进

一、物质与社会复兴时期（20 世纪 50 年代—70 年代）

与欧洲一些国家一样，很多英国的城市也饱受了二战的摧残。由此在战后的 1945 年到 1968 年，英国政府面临着严重且普遍的城市问题，并主要集中于居民住宅的物质环境普遍遭到破坏及外部物质条件严重恶化等方面。对此，Mullins 及 Murie(2006: 28) 在《英国的住宅政策》(*Housing Policy in the UK*) 中引用英国副首相办公室 (Office Of Deputy Prime Minister, ODPM) 相关住房及建筑数据指出：当时英国有超过四百万的房屋在二战中被摧毁。然而与此同时，由于战后英国的出生率在当时出现了增长并由此导致了人口的增长，因此当时的英国很多城市都面临着住房严重紧缺不足的难题，加上当时现有住房条件的简陋等因素，房屋供应严重不足的问题不断恶化，使得当时很多英国城市长时间处于窘迫的发展困境。另外值得一提的是，彼时英国的社会期望 (social expectations) 也在一定程度上较以往发生了变化，并与其他英国在二战前后所面临的一些新兴问题一道，共同使上述城市问题的严重程度与复杂程度不断加剧。

更为严重的是，彼时限制及管治缺乏的城市发展更进一步加剧了城市问题的复杂性，并导致了城市蔓延 (urban sprawl) 和带状发展 (ribbon development) 等相关联问题的日益加剧。概括说来，城市蔓延问题起始于前文所述的郊区化进程，主要指城市化发展过程中的一种带有失控性质的扩展与蔓延现象，具体表现为原本集中于城市中心区的产业与活动未经有效管理便扩散到了郊区等城市外围地区，城市空间在形态上呈现低密度且分散的"星云状"无序状态，并在城市主要交通方式上具有高度依赖小汽车的特点；而带状发展则要早于城市蔓延的产生，形成于工业革命推进过程中沿铁路等交通线路而逐步建成的城市及乡镇。由于带状发展不利于实现社会资源的高效利用，因此战后英国的很多政策法规（如"绿化带"政策等）都旨在阻止带状发展程度的深化。总的来说，无论是带状发展还是城市蔓延都不仅对生态环境造成了消极的影响（如郊区水质受污染、自然景观受破坏、渔农业受影响、农地用途被改变等），同时还对人文环境造成了不可挽回的破坏（如降低公共服务设施利用水平、造成社会阶层进一步分化、加剧交通拥挤问题等）。更为严重的是，城市中心区及内城区衰败与凋敝的程度变得更深了。因此，在英国政府推进城市复兴的第一阶段即是强调物质的复兴，同时由于城市复兴运动是在英国启动，因此本部分将详细探究。

对于英国而言，随着科技的提高及经济的发展，其国内交通道路系统体系在二战前就有了较大的发展，使得城市蔓延和带状发展在当时就已然开始了。另外，加上当时为了进一步缓解住房紧张 (housing shortage) 问题，英国政府逐步允许私营部门介入并干预此事，也在很大程度上增加了其城市蔓延和带状发展的风险。因此，英国社会已出现了对于城市今后发展走向的忧惧心理。为了妥善解决这一问题，并降低可能造成的潜在危害，二战前夕，政府曾经尝试限制城市蔓延和带状发展。具体说来，为了缓解城市向外蔓延的趋势，英国在 1935 年制定颁布了《带状开发限制法》(Restriction of Ribbon Development Act)，但收效甚微。之后，相关政策及举措才逐渐发挥效用，该问题通过二战后的《城镇及乡村规划法案》(Town and Country Planning Act) 才得以解决。然而，如何全方位地再开发那些恶化的城市中心地区，以及如何重建饱受战争摧残的内城房屋等事宜，则日益成为突出的新问题。与此同时，当时英国城市复兴的相关战略举措通常由当地官方部门主导，在取得高效成果的同时也由此产生了一些弊端,比如:有的城市中心区域未得到恰当的规划及发展,有的问题没有实现更为均衡的解决等。

为进一步妥善解决这些问题,并迅速而精准地完成城市在物质上的复兴,英国中央政府主要推出了三大政策,分别为新城镇 (new towns)、绿化带 (green belts)、重建房屋及城市中心再发展 (housing and city center redevelopment),以通过这些与城镇和乡村规划紧密相关联的区域经济发展及相关住宅政策,有效改善严峻的住房问题 (如非标准 sub-standard 住房) 和城市蔓延问题,进而解决好与城市物质方面相关联的问题。

其中,从影响力及效果上看,新城镇无疑是最重要的一项政策,其成功地使得规划的城镇能容纳 2 万到 6 万人口居住,同时这些城镇也通过围绕着庞大而密集组合而成的城市区域而建,成功地减轻了其人口负担。简而言之,它由"里思委员会" (Reith Committee) 所构想并由政府建立,并在英国由来已久的"逆城市主义" (anti-urbanism) 传统所激发的灵感下而逐渐完善,最终由英国最著名的城市规划学者、现代城市规划理论的奠基人——埃比尼泽·霍华德 (Ebenezer Howard, 1850—1928) 提出。同时值得一提的还有 Ebenezer Howard 及 Partick Abereombie 所共同推动的"花园城市运动"(Garden City Movement)。与此同时,当时英国政府为了巩固"新城镇"在英国推行的基础,还配套推出了一些指导性原则,并以推进城市在物质上的重建与复兴确立为政策的重要着力点,一直持续到 20 世纪 60 年代末期。

同时值得一提的是,在二战后的 1945 年到 1979 年,英国政府由玛格丽特·撒切尔 (Margaret Thatcher) 率领的保守党执政,出于政治利益及其他因素的考虑,"大规模裁减煤矿工人、关闭矿井"[①],并出台了一系列限制工会运动的政策,由此导致了多次煤矿工人的大罢工,例如 1973 年到 1974 年,英国多地煤矿工人爆发了罢工,使得当时英国的能源危机更加恶化。与此同时,英国政治家约翰·诺·鲍威尔 (John Enoch Powell) 于 1968 年发表了使该演讲及其本人均饱受争议的"血河"演说 (Rivers of Blood speech),主要内容是批

---

① 赵枫:《西方福利国家危机与应对》,《南开学报(哲学社会科学版)》2012 年第 1 期。

评英联邦政府的移民政策和反歧视立法，同时他还表达出了对来自其他英联邦国家移民的反对态度，由此充分表明了当时英国社会中日益严重的由种族隔离及种族紧张所导致的社会分化问题。加上 1977 年发布的《城市白皮书》(*Urban White Paper*)，除了重点关注内城，还涉及了当时的英国城市问题，例如，最为严重的是自 1924 年以来首次发生于 1979 年的不信任投票，体现出政府公信力的严重下降，由此不仅使得英国结束了社会民主主义 (Social Democracy)，还开启了新自由主义 (Neo-liberalism)[①]。以上关键性事件的发生促进了英国城市政策的转向，也影响了随后的英国城市政策的构建过程及具体内容，即到了 20 世纪 70 年代，英国政府的城市复兴开始关注社会及社区福祉的提高，而这一政策重点的转向也为后来的英国城市复兴政策奠定了较好的社会基础与政策环境。

究其原因，除了物质上的复兴取得了较好的成效之外，还得益于当时英国社会病理学 (Social Pathology) 的观点改变了人们对城市问题的认知：简而言之，其使得导致遗留贫困问题 (residual poverty) 的原因被更多地归结于那些贫困社区的居民及其相关的病态行为。与此同时，由于贫困问题在彼时很多英国城市的内城区中十分严峻，然而城郊地区却十分富足，因此贫困问题及日益扩大的贫富差距依然是这个阶段最主要的城市问题之一。由此英国政府开始不再仅仅关注于体制问题（如系统缺陷及结构性经济不平等），而是开始着眼于那些更加具体的城市问题，即妥善解决真正处于贫困中的个体、群体及由此所引发的相关连锁问题。而在另一方面，随着城市问题的深化发展，移民越来越频繁地成为被指责的对象，即英国民众开始倾向于将社会上的种种病态及贫困问题归咎于外来的移民群体，由此使得当时的种族紧张及社会分化问题日益严峻。因此，为了妥善解决这些日益严重的城市问题，英国政府同样推出了均由公共部门主导的三项政策，分别为：城市项目 (urban programme)、社区发展计划 (community development projects)、内部区域研究

---

①   Parkinson, M.: *The Urban White Paper: Halfway to Paradise?* New Economy, vol.8, no. 1, 2001. Google Scholar Crossref.

(inner area studies)。

对于城市项目而言，得益于其在政策内容上首次突破了城镇或乡村层面的局限，并弥合了公共服务供给（如教育等）与社区发展计划（主要指以青年群体为导向的工程）之间存在的差别，使其成为真正意义上的城市政策。而作为第二项基于区域 (area-based) 的城市政策，社区发展计划成为城市项目的子集与重要组成部分。从核心内容上看，其旨在解决贫困地区居民的被分离感和自我存在感及归属感的丧失等社会分裂问题。该计划先后在英国的考文垂、利物浦、伯明翰、纽卡斯尔等城市顺利推进。而内部区域研究则是由英国环境事务大臣彼得·沃克 (Peter Walker) 等于 1972 年提出的第三项城市政策，其将饱受综合贫困 (multiple deprivation) 问题困扰的三个地区作为重点研究样本：分别为位于利物浦的黑人及赤贫居民所集中的郊区托迪斯 (Toxteth)、伯明翰的小希斯 (Small Heath) 和伦敦号称"英国最愤怒地区"的朗伯斯区 (Lambeth)。该政策的主要目的即是妥善解决英国城市所经历的各类多样性城市问题，并为之提供完备的解决方案。

总而言之，1945 年到 1968 年，英国主要依靠城镇和乡村规划、市中心的重建来推进城市复兴，而在 1968 年到 1979 年，贫穷地带 (pocket of poverty) 问题开始得到重视，同时种族紧张问题日益严重，社会福祉开始受到关注。另外，发生在 20 世纪 70 年代的经济危机及保守党新右翼政府的转变也成为后期英国政府城市政策发生转变的分水岭。然而发展到 20 世纪 70 年代末期，很多社会及经济的问题均恶化到了最严重的地步，由此也需要新的政策来进行解决。

二、企业复兴时期（20 世纪 80 年代）

如果将二战后的英国城市政策归结于物质及其在城市空间上的重建或再开发，并将紧随其后的政策转向理解为关注内城问题的社会福祉，那么 20 世纪 80 年代后英国的城市政策则又转向了城市企业主义 (Urban Entrepreneurialism)。而促成这一转变的除了新自由主义对经济自由化

(economic liberalisation) 及市场的拥趸之外, 还得益于一些代表性事件的发生。其实比较关键性的有: 如私营化在 20 世纪 80 年代初期开始勃兴, 加剧了制造业的衰落与失业问题。1981 年位于英国伦敦南部的黑人密集区——布里克斯顿发生了一系列骚乱, 史称"布里克斯顿 (Brixton) 骚乱", 迫使英国政府及各界开始关注典型城市地区 (如多元文化地区) 的问题。紧接着的 1982 年, 英国失业率上升与通货膨胀等问题不断恶化, 其严重程度已较 1979 年相比翻了一番。而两年后, 1984 年到 1985 年, 英国爆发了"著名的"矿工大罢工, 其不仅对英国工业关系产生决定性影响, 同时全国矿工工会的政治权力被永久性地削弱了, 而与此同时, 玛格丽特·撒切尔政府和保守党及其自由市场方案得以稳固。另外值得一提的是, 这场声势浩大的劳资纠纷暴露了当时英国社会中严重的阶级分化问题。到了 1989 年, 由于英国银行利率的提升及紧接着英国房地产市场崩溃, 直接导致了很多地产导向 (property-led) 的英国城市更新计划遭受重创。1989 年, 英国开始引进人头税, 标志着撒切尔政府开始逐步退出历史舞台等。正是这一系列事件的先后发生, 加上彼时英国社会及经济问题的恶化, 促使了英国政府开始了城市政策的调整。

具体说来, 纵观 20 世纪 80 年代, 面对着国家回退的大背景, 英国中央政府推出了一些以扶持或推动企业发展为主的城市政策。首当其冲的即是 1981 年的企业振兴区, 政府指定了 11 个特定区域享受纳税优惠, 并对设在该地的公司给予奖励, 以复苏经济并促进贫穷地区的经济增长及投资。该政策在后期得到加强, 授权的区域在 1984 年增加到 25 个[1]。与此同时, 还建立了城市开发公司 (Urban Development Corporations): 如伦敦船坞区 (London's Dockland) 及默西赛德郡 (Merseyside)。该政策在后期同样得到加强, 并在 1987 年又额外增加了 9 个。另外, 英国中央政府还推出了城市开发资助计划 (Urban Development Grant Programme), 即将公共部门的支出降到最低以鼓励私营部门的投资。而对于英国城市政策所关注的核心区——内城区, 同样推

---

[1] Office of Deputy Prime Minister(ODPM): *Transferable lessons from the enterprise zones*, London: HMSO, 2003.

出了针对性较高的"内城区企业"计划，即意指私营部门对于房地产开发商在内城区域的工程将给予资助。另外值得一提的是，到了1987年，英国中央政府财政开始资助城市复兴。另外，著名的"弃置地补偿"(Derelict Land Grant) 政策在1983年得以推出，使得回收再利用或改善弃置地成为可获利的，还包括生产性使用 (productive use)。1984年，英国推出了免税港区 (Free Port Zone) 的政策，指定了六个港口及机场；翌年，英国成立了城市行动小组 (City Action Team)，包括五家机构并涉及政府不同的部门以帮助内城更新。最值得一提的是，1988年英国中央政府提出了都市行动方案 (Action for Cities)，旨在将内城地区打造为企业愿意投资的地方，包括为谢菲尔德设立新的城市开发公司，扩大默西赛德郡的城市开发公司，并为利兹和诺丁汉成立两个新城市行动小组，建立并实施土地登记制度 (Land Register)。同时，彼时英国政府的城市补助计划也将私营部门的发展纳入资助范围。

三、邻区更新时期（20世纪90年代—2010年）

自英国新工党 (New Labour) 在1997年成功执政，并一直持续到2010年连续组织了四届内阁以来，20世纪90年代的英国城市复兴政策发生了很大的转变，几乎成为了一个关键的分水岭[①]。

20世纪末21世纪初的英国无疑在社会、政治、经济、文化及外交等很多方面都打上了新工党的烙印，而从城市复兴的建筑风格及建筑式样等方面上看，体现出了显著的邻区更新政策的特点。例如在政府机构配置上，执政党新工党于1997年成立了社会排斥单元 (Social Exclusion Unit, SEU) 及社会排斥工作组（Social Exclusion Task Force, SETF; 2010年取消），以专门研究和应对社会排斥与社会分化等问题，同时还于2001年成立了邻区更新单元（Neighborhood Renewal Unit, NRU; 2009年取消），以专门研究和推进城市中邻区实现复苏及福祉提高等问题。除此之外，英国政府还于2005年2月由时任副首相约翰·普莱斯考特 (John Prescott) 主导成立了可持续社区研究院

---

① Jones, P. & Evans, J.: *Urban regeneration in the UK*, London: Sage, 2008.

(The Academy for Sustainable Communities, ASC)，以推进英国地方社区实现"对 21 世纪的较好融入"①。

而在关键性文件及战略举措上该特点则体现得更为明显，如由英国社会于 1998 年 9 月发布的施政报告《将英国团结在一起：邻区更新的国家战略》(*Bringing Britain Together:National Strategy for Neighbourhood Renewal*)，就从国家主流政策（社会服务、教育及医疗等）、地区方案及政府学科交叉行动小组这三个方面探究并界定了英国推进邻居更新的战略及政策，同时该报告在 2001 年又发布了新版。同时，除前文提及过的 2000 年发布的《城市白皮书》(Urban White Paper) 外，《可持续社区计划》(*Sustainable Communities Plan*) 也专门探究了如何实现英国地方社区的重振与复苏问题，并分别在 2003 年、2005 年、2007 年发布过不同的版本。而为了实现这些政策与战略，英国成立了一些专门的代理机构，代表性的有区域发展局 (Regional Development Agencies)(2000—2006)、地方策略性伙伴关系 (local strategic partnerships) 及家庭和社区局 (Homes and Communities Agency) 等，以确保各项具体政策的落实。

城市复兴运动耗资巨大，因此需要完善而充足的国家财政支持。为此，英国政府推出了很多复兴举措 (Regeneration Initiatives) 及资助制度 (Funding Regime)，如单一再生预算 (Single Regeneration Budget)、社区新政 (New Deal for Communities, NDC)、宜居基金 (The Liveability Fund) 等，均在推动英国复苏城市活力、改善社区福祉并弥合社会排斥方面起到重要作用。以 NDC 为例：其强调的社区伙伴关系在英国一些符合要求及标准的衰落城市及贫困地区得以建立，并从 1998 年最初的 17 个社区新政发展增加到了 2001 年的 39 个之多，政府总资助高达 20 多亿英镑，而每一个 NDC 则相应收到了高达 5000 多万英镑的资助。以英国第二大工业城市伯明翰为例：英国政府官方数据显示，伯明翰地区在第一轮合伙关系 (2000 年到 2010 年) 中受资助金额为

---

① 资料引用自英国可持续社区研究院官网：http://www.ascskills.org.uk/who-we-are.html［查询日期：2024-07-10］。

5000 万英镑，而在第二轮合伙关系（2001 年到 2011 年）中受资助总金额则增加到了 5400 万英镑[①]，然而伯明翰的受资助金额在所有 NDC 中仅处于中等水平，体现出英国政府支持邻居更新政策的强大力度。

四、紧缩时代的复兴（2010 年至今）

21 世纪的全球经济进入了持续低迷的发展阶段，在此复苏缓慢的背景下，全球化与 "逆全球化" 几乎处于共存的状态，地缘政治分量的加重和全球治理体系的碎片化使得各国都寻求内外政策的改变，英国也不例外，在此仅仅分析其在政府复兴政策上所体现的新特点与新趋势。

2009 年，Michael Parkinson, Neil Blake 及 Tony Key 对英国社区和地方政府部 (Department for Communities and Local Government, CLG) 所作的独立报告《信贷紧缩与复兴：影响和含义》(*The Credit Crunch and Regeneration: Impact and Implications*) 引起了较大的关注。该报告指出：2007 年末的全球经济滑坡对彼时英国的城市复兴进程及房地产开发计划的推进都造成了较大的消极影响；同时还指出在经济紧缩时代，经济的增长及地方主义成为英国政府所关注的重点。

紧接着的 2010 年对于英国来说意义非凡，首先工党结束了长达 13 年的执政成为在野党，其次，其保守党和自由民主党在 2010 年 5 月 11 日晚向世人宣告了联合政府 (Coalition Government) 的成立，这是英国近 70 年中的首个联合政府。由此，工党所推行的基于区域的邻区更新逐步退出历史舞台，除了由于相关项目的先后完结之外，新联合政府所推行的紧缩措施也是促成彼时英国城市复兴政策转变的重要因素之一。面临世界经济与格局出现的新情况，全新的英国联合政府对于城市复兴的政策也相应地有了新的特点。

具体看来，以前文所述的 20 世纪 80 年代英国工党所推行的企业振兴区政策 (Enterprise Zones) 为例，在信贷危机等所引发的经济危机冲击下，21 世

---

① 数据引用自英国国家统计局 (Office for National Statistics, ONS) 官方网站：https://www.ons.gov.uk/help/localstatistics［查询日期：2024-07-10］。

纪初期英国联合政府所践行的企业振兴区政策在继承一部分先前政策的基础上，还在三个方面表现出了新的特点。具体为：①从政策的目的上看，80年代英国城市复兴强调的是城市衰退的区域在经济上的复兴，主要依靠降低开支以增加产量并改善就业。而到了21世纪初则更重视经济的增长和就业岗位的供给，并更加关注之前政策中未曾顾及的区域，主要通过降低指定区域赋税和管理负担等方式以促进经济的发展。②从管理方式上看，80年代的英国城市复兴主要由授权区域的当地政府进行自行管理，同时也有部分区域由半官方机构的一些开发企业负责管理 (Development Corporation, DC)。而到了21世纪初则通常由经英国中央政府授权的各地方企业合作伙伴 (Local Enterprise Partnership, LEP) 在战略上发挥引领的作用。③从囊括的区域面积及地点上看，20世纪80年代的英国城市复兴最多涉及450公顷的空置土地或衰退地区（主要处于全英的城市或农村地区中），数量上在80年代初到90年代末总共有38个地区被指定为企业振兴区。而到了21世纪初所涉及的土地面积则最多为150公顷，同时在最开始仅有11个地区（仅为英国的大型城市中）被指定为企业振兴区，随后的13个地区则是通过竞价投标才获得授权。

然而需要指出的是，紧缩时期英国的城市政策尚存在不确定性，并仍将在一段时间内处于变化状态中。

第三节　工业遗产的转型：适应性再利用

从世界范围来看，每个城市在不同时期及发展阶段中都有其相对独特的文化经济发展脉络、主体经济发展形态、主导产业类别、工业化进程等，并基于此发展演变出了不同的产业形态及城市风貌，同时也先后经历了工业化、城郊化、去工业化、逆工业化、后现代城市等阶段。然而在经济全球化、城市化及社会生活现代化浪潮席卷之下，尤其是随着不同文化间交流融合程度的不断深化以及互联网平民化程度的不断提高，一些国家的工业化进程在一定程度上表现出了趋同性与相关性。例如20世纪50年代末期时，英国很多工业城市即面临着日益严峻的衰退问题，甚至由此引发了政府的财政危机。为应对这一问题，英国政府开启了城市复兴运动，并在 20 世纪末期将工业遗产作为重要的切入点，后为很多西欧国家所借鉴及参考。而在交通方式演变、技术革新、产业升级速率不断加快的当代，越来越多的发展中国家的工业城市步入了衰退期，甚至有的城市还率先进入了后工业化发展阶段及逆工业化发展阶段。其中，资源主导型城市还出现了具有共性的发展问题，比如由资源枯竭所引发的产业凋敝、城市经济活力下降等。而更为严重的是，由此还引发了一系列社会隐患：比如城市形象恶化、就业率下降、青年劳动力大量流失、社会不稳定风险增加等，这些严重制约了此类城市的健康可持续性发展。为应对这一问题，许多国家（如英、德、法、美、日等）选择了关注工业遗产以推进城市复兴，并优化重组现有的社会资源，大部分国家取得了良好的经济效益与社会效益。

欧盟委员会区域政策总局 (Commission of the European Communities, Directorate General for Regional Policies) (1993: 7) 在针对城市复兴进程中工业遗产及地区转变关系的报告《城市复兴与工业变迁：欧洲共同体中衰落工业区内城市重建经验的交流》(*Urban Regeneration and Industrial Change : an Exchange of Urban Redevelopment Experiences from Industrial Regions in Decline in the European Community*) 中指出：工业衰落区的问题倾向于归结为城市衰落的问题，而工业衰落产生的工业废弃物或工业遗产的再利用问题则日益成为实现城市复兴的关键所在。发展至今，随着世界语境对工业遗产的日益关注，学界对于工业遗产利用的方式越来越多地集中到了工业遗产的适应性再利用 (Adaptive Reuse) 上。对此，也有一些国内学者给予了研究与关注，如王建国等 (2006)、刘伟惠 (2007)、刘旎 (2010)、黎启国等 (2014)、孔雪静 (2014) 等都谈及了适应性再利用。

具体从其含义上看，Benjamin Fragner(2013: 117) 在 TICCIH 官方专著《重组工业遗产：TIICIH 工业遗产保护指南》(*Industrial Heritage Re-tooled : the TICCIH Guide to Industrial Heritage Conservation*) 中指出：所谓（对工业遗产的）适应性再利用，即是意指世上可弃置物品 (disposable things) 的一

种不同的经历。该方法并不是肤浅、表面的开发，也不是如无底"水库"那样无止境地堆砌材料或赋予含义，而是对可持续性理念的秉持与坚守，并为持续性留下足够的空间。与此同时，（对工业遗产）结构上的干预和建筑上的设计为未来的抉择及在不同情境中全新含义的挖掘提供了基础。另一方面，对于工业遗产适应性再利用的益处，Mark Watson(2013: 140-141) 通过苏格兰霍伊克的塔式磨坊 (Tower Mill)、爱丁堡利思的伯宁顿·邦德威士忌仓库 (Bonnington Bond Whisky Warehouses) 和芬兰的芬雷森磨坊 (Finlayson Mill) 案例和相关数据指出，适应性再利用能够提高城市复兴与开发的密度，并且还能通过全新设计与元素的融入产生收益。

笔者通过参考英国工业遗产相关研究的经典著作，如 Booth, G.(1973) 发表的《工业考古》(*Industrial Archaeology*)、Falconer, K.(1980) 发表的《英国工业遗产指南》(*Guide to England's Industrial Heritage*)、Alfrey, J.(1992) 发表的《工业遗产：管理资源与用途》(*The Industrial Heritage: Managing Resources and Uses*)、Neaverson, P. & Palmer, M.(1995) 发表的《管理工业遗产：鉴定、记录及管理》(*Managing the Industrial Heritage:Its Identification, Recording and Management*)、Palmer, M.(2012) 发表的《工业考古：手册》(*Industrial Archaeology : A Handbook*) 等，梳理总结出了六个与工业遗产相关的术语，分别为：工业考古 (Industrial Archaeology)、工业景观 (Industrial Landscape)、工业档案 (Industrial Archive)、工业博物馆 (Industrial Museum)、工业遗产旅游 (Industrial Heritage Tourism) 及工业文化教育 (Industrial Cultural Education)，本小节将结合实地调研的图片及数据，从这六个方面探究英国如何在推进城市复兴的过程中实现对工业遗产的适应性再利用。

一、工业考古在城市中的渐进开展

正如第一章中所述，工业考古在城市中兴起及工业考古学均起源于英国。而从时间上看，Palmer, M. (1998: 18) 指出：工业考古学直到 20 世纪中期才开始逐步兴起。然而在相当长的一段时间内，在专业考古学家的认知及考古学界的理解中，对工业考古的认可程度并不十分乐观，甚至有观点认为工业考古并非严格意义上的考古学研究，而仅是少数热心志愿者热衷于对本地的蒸汽泵引擎、铁路等工业遗留物进行自发性质的保存与维护。但同时可以看到，随着英国及世界遗产语境对英国工业革命及由此引发的工业历史重要性认可的迅速提高，越来越多的政府部门、社会机构及国际组织对记录及维护英国工业遗产各类项目或工程数量增多，工业考古学也越来越受到认可与接纳，并成为考古学的重要分支之一，同时工业考古也越来越多地在英国各相关城市甚至世界其他城市得以兴起与开展。

从实践上看，除了工业考古协会(The Association for Industrial Archaeology, AIA)等类型的组织开展了包括资助相关研究项目、制定纪录标准、资助相关出版、扶持相关遗产保护并资助相关社团及组织之外[①]，很多政府也进行了相关工业考古在一些工业城市的实践，如位于康沃尔郡(Cornwall)的巴斯特矿区(Basset Mines)、希罗普郡(Shropshire)的铁桥区(Ironbridge)及伯明翰(Birmingham)的布林德利地区(Brindleplace)等。另一方面，工业考古通常不仅包括物质性的工业遗迹、工业遗物等，还涵盖了包括工业文化活动、工业精神等在内的一部分非物质性工业遗产，图3.2为工业考古的作业场景。

图3.2 工业考古的作业场景

---

① 资料翻译整理自 AIA 官网：http://industrial-archaeology.org/about-us/［查询日期：2024-07-10］。

二、工业遗产景观在城市中的提出与保护

尽管传统认知上将景观通常理解成自然属性的集合，然而现实中的自然景观却常常被打上各种人类活动的烙印。以英国为例，工业革命不仅给了英国雄厚的资本，两百多年的工业发展也让英国的景观发生了较大的转变。而"工业景观"(Industrial Landscapes)（或称工业遗产景观）的概念则由此逐渐引出，意指人类工业活动改造后的以工业文化为主导文化过程的一种文化景观。

另一方面，从实践上看，对工业遗产的认定通常不会局限于某个单独的建筑或者地区，而是将一系列相关联的建筑群及元素进行保存，并将其置于相关联景观中以集中呈现生产因素组织方式的相关证据。因此通常情况下，工业景观占地面积要远远大于某个或几个工业建筑体（如工厂等），但在空间尺度上要小于一个地区的涵盖面积。基于这一点，最具代表性之一的工业景观当属康沃尔和西德文矿区景观 (Cornwall and West Devon Mining Landscape，如图 3.3 所示)。该地区在 18 世纪中后期及 19 世纪中后期曾是全球最大的锡、铜产地，以极为清晰的方式呈现了人类采矿业的发展对于自然环境变迁所造成的各方面影响。同时，得益于其对人类早期大规模工业化有色金属硬岩开采的复杂性以及所取得的巨大成功的充分佐证等因素，该区域中相互关联的工业遗迹与景观于 2006 年荣登世界文化遗产名录并成为著名的旅游胜地。

值得一提的是，地理信息系统 (Geographical Information Systems, GIS) 的产生与应用也使得在较大尺度上记录并呈现信息成为可能，因而越来越普遍地被运用到工业景观的认定与保护等工作中。简言之，在城市中对工业景观进行保护，不仅能够丰富对工业活动施加于外在环境的影响的解读维度，同时还能够加深对工业创造、塑造环境的理解，并在此过程中体现工业遗产的存在价值及意义。

图 3.3　康沃尔和西德文矿区景观 (Cornwall and West Devon Mining Landscape) 局部

三、工业遗产档案在城市中的存留与价值

从起源上看，工业遗产档案在城市中的存留发轫于德国的一些大型工业企业，同时与其他方式对工业遗产的保存与维护均已有较长的历史相比，对工业档案的重视与倚重则兴起得较晚。从时间上看，最早对工业档案进行存留的是 1905 年德国埃森市 (Essen) 克虏伯 (Krupp) 家族及其家族企业克虏伯公司（为著名的德国最大的重工业公司），其首次依托科学、严谨的手段对相关工业档案进行了保护。1906 年，首个企业档案馆研究中心 (Centre for Business Archives) 在德国科隆 (Köln) 得以成立，该中心受到了商会 (Chamber of Commerce) 的支持。与此同时，首届"经济档案大会" (Congress of Economic Archives, CEA) 于 1913 年召开。除此之外，位于慕尼黑 (Munich) 的西门子 (Siemens) 和勒沃库森 (Leverkusen) 的拜耳 (Bayer) 也几乎同步开始了对工业档案的保存与维护工作。随后，很多大型的企业开始保存自己的工业档案，其他小型企业则将各自的记录集中于共享档案中，由此对于工业档案的保护与研究工作日益勃兴。

另一方面，政府层面对工业遗产档案的关注则起步于 1934 年成立于英国的企业档案委员会 (Business Archives Council, BAC)，其主要工作范畴分为三个方面：①鼓励对具有历史重要性的企业记录与档案开展保护工作；②对于档案及现代化记录在管理等方面提供建议及信息；③增强国民对英国商业历史的兴趣等 ①。除此之外，该委员会还主办了《企业档案》(*Business Archives*)、《管理企业档案》(*Managing Business Archives*)、《商业历史探索者》(*Business History Explorer*) 等期刊，并囊括了各类档案及档案工作者、图书馆、博物馆、历史学家及企业组织等。

从意义上看，工业遗产档案在城市中的存留不仅能够在增强人们对城市重要工业活动的理解与感知等方面起到关键性作用，同时还能为工业的技术演进与城市的文化变迁提供更为具体的佐证，并且还能够为相应区域的文化发展、经济历史、社会变迁及政治格局演进等提供一个独特的阐释视角。简言之，工业档案的记录与留存虽然在表面上看是某个或某类工业企业自身文化遗产的保存与维护，背后却更多地蕴含着城市发展的脉络与文化变迁的痕迹，其本身具有很高的保护价值与研究价值。

四、工业遗产博物馆在城市中的有效建立

"工业遗产"这一概念自 20 世纪中后期在文化遗产范畴及社会生活领域被提出以来，就对世界遗产语境产生了深远的影响，宏观上使"遗产"的阐释、解读的方式与角度得到了更新和拓宽，越来越多的工业博物馆得以在城市中建立。博物馆是将具有纪录属性的实物集中起来进行阐释，以呈现人类过去历史的最重要方式之一，为各类遗产解读项目提供了较好的环境。首先，通过规范的流程和专业的管理保证了实物的未来，使馆藏文物等能够处于最佳的保护状态；其次，通过面向公众，艺术类作品、文物、器具等展品能够实现"不言自明"的阐释。而工业类与科学技术类等类别的实物无法像大部分艺术品那样通过自身完成其文化价值与遗产因素的呈现与阐释，因此需要探索与工业遗产更为契合的呈现方式。

---

① 相关资料翻译整理自 BAC 官网：https://www.businessarchivescouncil.org.uk/about/aboutintro/［查询日期：2024-07-10］。

例如在曼彻斯特的科学与工业博物馆 (Museum of Science and Industry) 中就保存着较好的铁路轨道，如图 3.4 所示。据博物馆工作人员介绍，在旅游旺季博物馆还会将其所收藏的蒸汽火车驶入轨道，并由此展开相关的展演活动以重现当年的生产作业场景。这种做法既丰富了旅游者的获得感与体验，同时也以娱乐而新奇的方式达到了对昔日工业文明的追溯与教化，具有很高的人气。

图 3.4　位于曼彻斯特科学与工业博物馆中的铁路轨道

五、工业遗产旅游在城市中的勃兴

从自身意义上看，工业遗产旅游作为对人类工业化历史阶段的一种演绎方式与产业化开发模式，不仅能有效加强人们对当今社会的理解与认知，还能增强民众对过去人类社会演进形态与生存、生产方式的尊重与认同。同时，还能引导人们对未来社会的发展产生一定的认知与理性预判，从而实现现代社会生活方式和现代旅游产品体系的可持续性发展。除此之外，对于绝大多数工业城市而言，工业遗产旅游的开发与发展还能够扮演文化"缓冲区"(buffer) 的角色，为当今人类在农业社会及后工业社会之间有效构建一种"文化空间"意义上的分水岭或过渡区：由此既能进一步传承并完善集体记忆，还能进一步延续城市文化脉络，并强化普通民众的身份认同感与归属感。

而从工业化的过程性上看，工业遗产旅游的兴起与工业化的发展水平及工业体系的客观情况息息相关：Hospers(2002: 398) 指出工业遗产旅游起源于英国①，并在实践中体现出了较好的市场适应性及较强的社会基础。利物浦海事商城 (Liverpool - Maritime Mercantile City) 因其"见证了 18 世纪至 19 世纪世界主要贸易中心的发展历程"②等原因，于 2004 年 7 月被 UNESCO 评为世界遗产（归属工业遗产类别），自此吸引了全世界大量的游客前往（如图 3.5 所示），创造了很高的经济效益与社会效益。而在利物浦旅游官方网站介绍页面甚至将该利物浦海滨区 (Liverpool's Waterfront) 与印度的泰姬陵 (Taj Mahal)、中国的长城相提并论，并强调其对于英国影响世界所作出的重要贡献。然而需要指出的是，由于该区旅游的大力开发以及商业计划的过度扩张，利物浦海事商城的世界遗产地位目前岌岌可危，已于 2012 年被列入"濒危世界遗产名录"(List of World Heritage in Danger)。

图 3.5　英国世界遗产——利物浦的海事商城每年吸引了全球大量游客

①　Gert-Jan Hospers: *Industrial heritage tourism and regional restructuring in the European Union,* European Planning Studies, no. 10, 2002.

②　资料翻译自 UNESCO 官网：http://whc.unesco.org/en/list/1150［查询日期：2024-07-10］。

六、工业遗产文化教育在城市中的倡议与发展

工业文化教育最早出现于 20 世纪末的一些私人性质的提案及倡议，同时在工业博物馆或工业遗产所在地设立的一些培训中心也提供了类似针对工业文化的教育培训课程。然而需要指出的是，从实践上看，相较于一些工业遗产在欧洲和美国迅速得到认定与保护，将工业遗产等相关工业文化纳入学校教学大纲与教学课程却着实经历了一些时日，并非一蹴而就，同时不同的国家与地区之间也存在着较大的差异性。总的说来，将工业遗产教育纳入国家教育系统的过程是曲折而艰辛的，以法国为例，其最早尝试在一年级课程中设立工业遗产相关课程，然而不仅以失败告终，并且在基础教育阶段和在职培训 (in-service training) 中几乎难觅工业遗产教育的踪迹，目前也仅在法国大学课程的最后一年作为一个兴趣主题式的培训而存在。而教育环节中工业文化的缺失不仅使广大民众丧失了更好地理解城市的机会，也在很大程度上贬损了工业遗产等工业文化的巨大影响力。

工业文化的特性导致了其课程的特殊性，从工业文化教育现状上来看，其经历了从具体的直接观察式的教育方法（例如实地考察及调研等）逐步过渡到宏观、抽象地从全球语境中提炼案例进行解读。与此同时，工业遗产在很多教育课程中都没有将教室视作唯一的教学空间，而是兼顾户外的实地传授，并且包括了相关博物馆与展览等方式。此外，工业文化（尤其是工业遗产）的教育不仅强调了科学性与理论性，还凸显了人类在相关过程中的影响与行为，为未来世界城市与人类社会的演进能够提供一定的启示。

值得一提的是，将工业遗产等工业文化纳入教育体系不仅对加深人们对城市的理解能够起到巨大作用，同时也能对传统的文化秩序造成影响。简言之，以往大众对于遗产的审美价值几乎全部源自古代的遗物，尤其是代表王公贵族等中上阶层生活的遗产在相当长的一段时间内构成了人们对遗产价值的核心认知。然而将废弃的工厂、设备、构件等工业元素视作遗产并同等给予其文化遗产的待遇，在当时的西方遗产语境中同样引起了较大的争议。

第四节　城市复兴关联工业遗产的利益相关者及互动关系

城市复兴运动在英国的开展涉及了很多不同部门、不同群体及不同利益方之间的合作、竞争与博弈。为给下文章节的相互间关系研究奠定基础，本小节研究英国城市复兴过程中工业遗产的主要利益相关者及各方的互动关系。从工业遗产方面来看，有学者从利益相关者 (stakeholders) 的角度切入展开了理论探讨，例如 Xie, P. F.(2006: 1323-1324)[①] 通过以往文献的梳理，归纳总结出了推进工业遗产开发的六大关键属性：潜能 (potentials)、利益相关者、适应性再利用 (adaptive reuse)、经济状况 (economics)、真实性 (authenticity)及观念 (perceptions)。并通过具体的案例分析指出：在工业遗产开发过程中，各利益相关者具有不同的利益诉求。而 Chris Landorf (2009: 496) 通过对英国工业遗产开发过程的探究及分析，提出了利益相关者相互博弈的复杂关系[②]。受此启发，同时结合对英国一些代表性工业城市在复兴初始阶段的实地探究，本书初步梳理出了英国利用工业遗产推进城市复兴过程中的四个主要利益相关者，并分析了各方的互动关系模式，如图 3.6 所示：

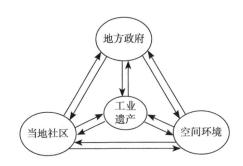

图 3.6　英国利用工业遗产推进城市复兴过程中的利益相关者权责互动关系

---

① 　Xie, P. F.: *Developing industrial heritage tourism: A case study of the proposed jeep museum in Toledo, Ohio.* In: Tourism Management, vol.27, no. 6, 2006.

② 　Chris Landorf: *A framework for sustainable heritage management: A study of UK industrial heritage sites,* International Journal of Heritage Studies, vol.15, no.6, 2009.

其中工业遗产不仅包括工厂、设备等物质性工业遗产，同时还包括工业活动、工业事件等非物质性工业遗产。它在互动关系中处于核心地位，其他各利益相关者需为其城市复兴服务，同时工业遗产也要发挥相应的作用并做出相应的贡献；地方政府主要指地方政府中的各相关部门，同时还涵盖了国家中央政府；当地社区主要是指依托工业生产区而逐步发展形成的居民社区，同时还包括各类相关文化组织，以及相关文化企业等；空间环境不仅包括广场、博物馆等文化空间，同时还包括自然生态环境及社会人文环境。如图3.6所示，四大利益相关者在相互协作及影响下衍生出六对互动关系，现分为三组阐释如下。

一、工业遗产主导的两对互动关系

1.工业遗产与地方政府。工业遗产在城市复兴上的实现需强调社会效益及经济效益的发挥，同时实现对地方城市工业发展历史的标注与地方工业文化精神的传承及发扬；另一方面，地方政府则需为工业遗产的再次开发提供必要的资金、技术支持，同时为其创造良好的政策环境，尤其是投融资平台的搭建及相应人才培养机制的建立。

2.工业遗产与当地社区。城市中开发利用后的工业遗产需清晰、直观地反映当地社区的文化特色与发展历程，并着眼于社区福利的提高，还要关注地方社区的合理需求；另一方面，地方社区则需在工业遗产再次开发与合理利用的过程中提供必要的各类支持，包括参与筛选哪些工业遗产会被保留并呈现于城市文化空间中，同时为工业遗产主题和特点的确立，贡献并培养出一批志愿者及阐释者。

二、地方政府主导的两对互动关系

1.地方政府与当地社区。地方政府应引导当地社区的价值观及审美观，同时积极建立地方政府与地方社区的有效沟通机制，注重回馈当地社区的合理诉求，并重视提高社区居民的应有福利；另一方面，当地社区则需通过合理的沟通渠道向地方政府提供应有的智力支持与资源支持，并在地方政府授权框架内行使权力并承担义务。

2. 地方政府与空间环境。地方政府应努力实现文化空间的合理化配置，并以文化为导向为其积极引入新的发展理念与新的文化要素。同时对于文化空间的有效延展、社会人文环境的良性发展、自然生态环境的可持续性发展等进行有力引导，并在良好、有序的配套政策环境下为其提供必要的资金、人才及技术支持；另一方面，空间环境需积极回应地方政府的需求，将促进城市经济及社会发展、改善区域环境、优化地方产业结构及就业环境等作为发展目标，并将地方政府的治理理念与发展动态纳入空间环境，以实现有效呼应。

三、空间环境主导的两对互动关系

1. 空间环境与当地社区。毗邻的空间环境尤其是文化空间，需与地方社区文化特色有机融合，避免出现相互隔离与相互分化的趋势。而区域性社会人文环境则需为当地社区提供"发声"渠道，同时区域性自然生态环境的保护与管理则需将地方社区的需求纳入考虑范围；另一方面，当地社区需在相关空间环境中提供必要的支持，通过不同形式及不同程度的积极参与，提供合理的建议及其他服务。

2. 空间环境与工业遗产。空间环境要实现工业元素、工业文化及工业精神的合理化呈现，并在秉持创意、绿色、健康等可持续性发展理念的前提下，为工业遗产"怀旧情怀"的营造及工业文化的传承塑造相应的审美情趣氛围及其他有利条件；另一方面，对于鉴别筛选后的各类工业遗产资源，尤其是在其产业化的开发过程中，需注重其与不同城市文化空间的有机融合，吸纳艺术家入驻。英国通常有三类融合方式：①将工业遗产直接转化为文化空间，例如利用工厂空间的可塑性将其改建为博物馆等；②以工业遗产为媒介，即将工业遗产作为文化传播介质，依托其建立公共文化广场及公园；③将工业遗产地改建为文化创意基地或中心，同时还要在整体上使其积极与自然生态环境及社会人文环境相协调，以实现和谐共生为目标。

由此可以发现利益相关者博弈关系复杂，确立好正确的开发理念对于后期工业遗产驱动区域复兴的产业化开发或其他社会效益的实现至关重要。同时值得一提的是，在针对工业遗产展开城市管理的初始阶段，对工业遗产不同的开发理念不仅反映了不同的解读及演绎视角，同时还将对演示及阐释等工业文化资源的分配产生影响。然而需要指出的是，对于人类所遗留的各类工业遗产而言，尽管其所代表及体现的是过去工业作业时期人类的工业生产活动及其所衍生的人类社会生活及相关活动，其开发所处的却是文化日益多元、产业结构更替速度日益加快的现代，因此开发时务必要将该时间上的差异纳入考虑范围：既要突出过去工业文化的差异性，又要兼顾当下的审美趋势及社会经济发展需求，不可偏颇其一。

第五节　本章小结

本章集中探究了英国城市的发展历程，并将其作为时代背景与发生情境分析了工业遗产在彼时英国城市中的转型。首先，从郊区化、逆城市化、去工业化等方面分析了英国城市的衰落过程与复兴需求，同时还简要梳理了后现代城市的提出过程。其次，从物质与社会复兴时期 (20 世纪 50 年代—70 年代)、企业复兴时期 (20 世纪 80 年代)、邻区更新时期 (20 世纪 90 年代—2010 年)、紧缩时代 (The Age of Austerity) 的复兴 (2010 年至今) 这四个阶段重点探究了英国城市复兴运动在不同发展阶段的特点与成效，较为全面地呈现了英国推进城市复兴运动的不同侧重点与关注点。再次，从工业考古在城市中的开展、工业景观在城市中的保护 (conservation)、工业档案在城市中的存留、工业博物馆在城市中的建立、工业遗产旅游在城市中的开发、工业文化教育在城市中的兴起这六个方面研究了英国工业遗产的转型——适应性再利用，通过实例与理论结合的方式，较为翔实地厘清了工业遗产在英国城市复兴进程中所发生的不同转变与承担的不同角色。最后，从利益相关者的角度将英国工业遗产寓于城市复兴过程中，提出了四大利益相关者：工业遗产、地方政府、当地社区、空间环境。再分别研究了相应演化出的六对互动关系：工业遗产与地方政府、工业遗产与当地社区、地方政府与当地社区、地方政府与空间环境、空间环境与当地社区、工业遗产与空间环境，为随后的第三章、第四章分析英国工业遗产与城市复兴之间的互益关系奠定了基础。

第三章

英国工业遗产助力城市复兴的推进发展

在 20 世纪中后期，面临诸多衰落的工业城市及由此所引发的多方社会危机，英国政府开始将工业遗产作为其推进城市复兴运动的关键着力点之一，取得了很好的效果，并先后为西欧等国所学习与效仿。本章将着重从英国工业遗产的角度展开分析，探究其对于英国城市复兴运动所起到的重要作用。为便于进一步展开分析，以下三节将通过由本书总结出的三种工业遗产推进城市复兴的指导理念——以工业文化为导向的复兴、以工业精神为核心的复兴、以怀旧情怀为特色的复兴，并结合对六组对应关系（工业考古与城市社区、工业遗产档案与城市历史、工业遗产文化教育与城市文化、工业遗产景观与城市环境、工业遗产博物馆与城市形象、工业遗产旅游与城市经济）的阐释，力求全面地分析英国工业遗产对其城市复兴运动所产生的影响与发挥的作用。需要指出的是，三种利用工业遗产推进城市复兴的指导理念并无互斥关系或从属关系，并且在实践中常常被组合或混合运用。

第一节 以工业文化为导向对复兴策略的优化

工业革命的过程与自身结构性调整对于重塑城市不同区域之间的空间经济 (spatial economy) 做出了巨大的贡献，这无疑对于传统社会和新兴社会形态具有同等重要的意义与价值。而工业文化作为工业革命在人类社会文化变迁过程中的集中投影，对于城市的可持续发展具有不可低估的重要意义。鉴于城市复兴的过程性与客观现实需要，英国在衰落后的工业城市展开了以工业文化为导向的复兴，从整体上优化了复兴策略并取得了较好的成效。

一、工业考古提升城市工业社区的福祉

工业考古起源于 20 世纪 50 年代，后逐步发展成为考古学的重要分支之一。工业考古对于记录工业文化、传承不同群体对于工业化进程的集体记忆、增强社会融合度等方面具有重要的作用。衰落工业城市中的工业社区天然有着很强的转型需求，人们普遍迫切地希望可以改善日益窘迫的生存环境，提高社区的福祉水平。而针对工业城市社区的工业考古除了能够唤起不同群体对于衰退后工业城市辉煌过去的集体记忆与心理印证之外，还能够对工业社区所处工业城市的文化变迁与城市文脉增加生动而翔实的例证，在帮助人们理解过去的同时更好地预判未来，这些均较为明显地从不同方面提升了城市工业社区的福祉。

R.H. White (2016: 214) 指出在 20 世纪 50 年代后期一些英国工业城市步入萧条阶段后，最初遇到了许多棘手的困难，而曾经做出较大贡献的工业城市社区在衰退后遭遇了可怕的生活环境，需要被关注及改善。同时，相较于传统建筑而言，由于废弃的工业建筑与区域具有严格程度相对较低的建筑管理与安全准则，因此能够实现在管理实践上更为灵活，并且运营成本也会相对更低。由此，作为工业革命的见证群体与参与群体，属于工业社会遗产的工业社区理应受到足够的尊重与重视。而在本书实地调研的布里茨山维多利亚镇中仍保有了当时工人家庭生活的村舍原貌，并在村舍内部保留了当时人们所用的器具等以恢复彼时的生活场景（如图 4.1 所示）。同时还安排工作人员身着当时的居民服饰在村舍内进行演示及讲解，尽最大可能地为不同群体呈现彼时工业生产时期所在城市工业社区的风貌，由此增强了民众的自豪感，并为地区城市发展脉络贡献了强有力的佐证。简言之，针对工业社区展开的工业考古工作不仅为当地城市的发展注入了新的活力，同时更产生了多方面积极的社会效益。

图 4.1　布里茨山维多利亚镇中所保有的村舍

二、工业遗产档案丰富城市工业历史的阐释

关于档案对于文化遗产的重要作用，R. Letellier (2011) 指出：记录、档案及信息管理是遗产保护管理的中心活动[①]；与此同时，档案与记录也是解读并实现工业遗产核心价值的最基本手段之一，同时也是实现工业遗产重要性的代际流动的重要方式之一。而就工业遗产的保护与利用而言，对其进行档案管理与记录能够丰富工业遗产的保护与演绎方式，从而丰富对于城市文化的重要组成部分——城市工业历史的阐释。而在面对体积、占地过大或耗资繁重的工业遗产时，编制档案不失为一种较为妥善的处理方式，既能够实现抽象工业文化与工业历史的客观化与物质化，也便于其核心理念与脉络的发扬与传承。例如，在英国 2017 "文化之城" ——赫尔 (HULL) 分布着许多白色电话亭，而若干白色电话亭中（如图 4.2 所示）被设计为城市工业遗产档案的展播空间，将繁重、复杂的铁路文化通过图片、音频、视频结合的方式实现了生动化、生活化的呈现，这就实现了城市工业历史在公共文化空间的有

---

① LETELLIER, R.: *Recording, documentation and information management for the conservation of heritage places: guiding principles*, Shaftesbury: Donhead Publishing, vol.1, 2011.

效传播与"活化"阐释。

从实践上看，工业遗产档案主要包括工业作业过程记录、工业案卷、公司档案、工业相关照片与图片、工业相关影音资料等。随着科学技术尤其是数字化技术的迅猛发展，工业遗产档案的记录手段不断更新换代，包括CAD、GPS、GIS、VR等。另一方面，由于工业的发展与城市化进程息息相关，因此对工业活动档案的制作与留存对于城市历史有着重要意义：首先，其从科技变迁的角度阐释了城市文化生活的变迁，同时还涵盖了城市及地区经济、贸易、政治的发展变化；其次，工业档案在提供城市工业文化发展的关键性佐证的同时，还能够成为工业遗产再利用的重要参考与实践例证；最后，有别于政治活动或经济活动会面临中止或停滞的情况，工业生产往往会持续作业并由此提供有价值的信息。

从某种程度上说，工业遗产档案涉及工业城市历史中最核心的环节，也成为工业文化最富有选择性的一种阐释方式。在对城市的工业遗产及其所代表的"工业过去"(industrial past)进行甄选、解读、记录的过程中，工业遗产档案本身即成为城市历史的重要组成部分之一，同时也成为城市文化的重要表现形式之一。

图 4.2　位于赫尔大学图书馆一侧的白色电话亭，供人们收听"铁路的艺术之声"

第二节　以工业精神为核心对复兴内涵的充实

相较于饱含审美价值的古董、字画、王宫建筑等传统意义文化遗产而言，工业遗产通过生产系统来传递并演绎其价值，并很难在审美上被归类为艺术品。与此同时，传统意义上的文化遗产大多彰显的是中上层社会人士、各类名流及精英们的生活方式与文化品位，而工业遗产则主要凸显以工人阶级为代表的普通大众的日常工作情境。基于此，工业遗产所蕴含和展现的更多是时代发展与文化变迁后，普通大众辛勤工作的寻常生活，由此饱含了工人群体在不同作业环境及工作条件下克服技术瓶颈并勤勉工作的工业精神。工业精神不仅是工业文化的重要组成部分，同时也是工业遗产在非物质领域的重要内容之一，而强调工业精神的城市复兴同样被英国政府所重视，并更多地体现在工业遗产文化教育与城市工业文化、工业遗产景观与城市环境这两组对应关系中，体现了以工业精神为核心对复兴内涵的充实。

一、工业遗产文化教育传承城市工业文化的核心

正如第二章所述，"工业考古"为考古学界正式认可并接纳耗费了较长的时间并经多方学者共同努力，同样的，将工业遗产及与之相关的知识转化为课程的形式并纳入国家学科教育体系也并非一蹴而就，甚至在相当长的一段时间内都是一项颇具难度的挑战。由于工业遗产自身的特点，针对工业遗产展开的文化教育包含了多学科的知识，同时也更加强调实践教育与科研工作的结合，因而在彼时课程设置中并非易事。尽管各欧洲主要国家及美国等很早便认可了工业遗产的重要价值，然而将其纳入课程教育却因国而异，目前在英法等国发展相对较好。以本书作者联合培养所在的伯明翰大学下设的国际铁桥文化遗产研究院为例，其强调了英国首个世界遗产（属于工业遗产类别）——铁桥峡谷中"铁桥"的重要价值，并设置了国际遗产管理的硕士课程／远程课程(International Heritage Management MA/International Heritage Management MA by Distance Learning)、世界遗产研究的硕士课程／远程课程

(World Heritage Studies MA / World Heritage Studies MA by Distance Learning)、文化遗产硕士 / 博士的研究课程 (Cultural Heritage PhD / MA by Research)，在所有相关课程中教师们均会定期组织学生们赴铁桥等工业遗产及其他文化遗产地展开实地调研，通过该理论结合实践的过程，年轻一代在思想及感官上均能受到城市工业文化的冲击并形成记忆，由此也实现了城市工业文化核心的代际传承。

发展至今，从形式上看，针对工业遗产及其所代表的工业文化所展开的教育目前主要包括中小学等初中级教育、大学等高等教育、远程教育及在线教育等数字化教育方式。需要指出的是，工业遗产的文化教育不仅强调科学，同时也注重人文，并与城市文化有着密切的关联。当学生面对着象征城市昔日工业社会的工业遗产、工业构件及工业活动时，除了能够学习到工业遗产的保护、复原及再利用等相关专业知识之外，还能够从人文精神的角度感悟到工业文化所蕴含的工业精神，并加深对城市文化的理解。

值得一提的是，由于绝大多数工业遗产体积较大及出于安全的考虑等原因，工业遗产的文化教育主要在工业遗产地展开，而工业遗产地又在城市文化空间中扮演着重要的文化中介作用，因此工业遗产文化教育的兴起对于城市文化在年轻一代中的发扬与传承有着重要而不可替代的积极作用。

二、工业遗产景观优化城市环境的布局

人类的工业活动对城市环境造成了重大而深远的影响，其不仅显著地解构了城市原有的环境布局与形态设计，同时也引发了城市人文环境漫长而深远、微妙而精细的变迁。由此所形成的工业遗产景观不仅能够使我们更好地了解工业活动及其演变历程，同时也能更好地理解工业对城市景观的干预方式与塑造过程，还能更具体地演绎和阐释出工业活动及工业遗产的核心价值，并在城市寻求生态环境改善的背景下，优化城市环境的布局。从核心价值上看，工业遗产景观是城市景观与城市文化的"历史佐证" (Alfrey, J. & Clark, K.,1993)；从过程性上看，工业遗产景观集中表现为工业遗产在自然环境中的阐释与演绎，并构成了城市形象的重要特色及城市生态的重要组成部分。通过对以往工业污染的清除、重要工业痕迹的保留、自然生态系统的恢复，标志性工业遗产与自然生态环境得以实现有机融合，由此在环保诉求日益增强的大背景下，工业遗产景观优化了城市环境，在整体优化城市形态的布局。

作为文化景观 (cultural landscape) 的一种，工业遗产景观更多地强调人类工业活动和自然环境在一系列文化过程中发生关联后形成的人文景观的总和，突出人类工业活动施加在环境中的影响与引起的改变。对于文化景观，由 UNESCO 发布的《实施世界遗产公约的操作指南》(*Operational Guidelines for the Implementation of the World Heritage Convention*) 将其分为三类：设计文化景观 (Designed Cultural Landscapes)、演化文化景观 (Evolved Cultural Landscapes) 及关联文化景观 (Associative Cultural Landscapes)[①]。对于这三个类别的划分，工业遗产景观同样适用：例如英国于 2001 年 12 月被评为世界遗产（属工业遗产）的索尔泰尔 (Saltaire)，其不仅包括了工业地产，同时还涵盖了相关联的工业住宅区、工业商业区等，构成典型的工业遗产景观。如图 4.3 所示。

城市化与工业化关系紧密，而工业化进程对城市中的环境介质产生了很多深远的生态影响，由此在相当长时间中所形成的工业遗产景观不仅标志着城市发展过程中的"经济实况"，同时还构成了具有地方特色的城市文化风貌与文化脉络。在人类轰轰烈烈的工业革命过程中，自然资源成为生产作业环节的原料来源，水、土壤、空气也在工业进程中受到了污染，然而这些曾经紧密的依存关系在人类去工业化、后工业化时代逐渐被解构，因此对于工业遗产景观的保护与再利用同样是城市管理的重要议题。

---

① United Nations Educational, Scientific and Cultural Organization World Heritage Center: *Operational guidelines for the implementation of the World Heritage Convention*, France: Paris, no. 88, 2016.

图 4.3 彩色版画形式下的英国世界遗产（属工业遗产）——索尔泰尔村庄

第三节 以怀旧情怀为特色对复兴效度的增强

对于现代人而言，工业遗产所呈现的主要是过去数十年间城市中真实存在过的工业痕迹与工业现象，并通过阐释和解读一系列与工业生产等相关联的生活方式与人文风貌，完成与特定群体的情感连接。同时，在社会各阶层、群体中形成对过往工业文化与社会生活方式的追念与回忆，由此"怀旧情怀"的精神需求得到了满足，人类在生活方式与文化情感上的变迁也得到了印证。而在英国的实践过程中，"怀旧情怀"被当作特色与创意融入了城市复兴过程，最明显也最为生动地体现在了工业遗产博物馆和工业遗产旅游中，以下将主要探究工业遗产博物馆与城市形象、工业遗产旅游与城市经济的关系，以论证以怀旧情怀为特色对复兴效度的增强。

一、工业遗产博物馆延展城市形象的维度

18 世纪末 19 世纪初，世界上有相当数量的城市逐步转变以往对商业的过度倚重，在发展阶段上纷纷进行了产业革命并先后迈入了工业化进程中。其中，绝大部分城市将其所持有的矿产资源投入不同的用途，包括但不限于：用于各类建筑建造所需的材料（例如英国塞文河上的铁桥）、用于陶器及瓷器一类器皿的烧制（例如位于英国什罗普郡的老科尔波特厂）、基于不同用途装饰物的生产（例如铁质栏杆）、居民生活用途（如烟斗等）。由此不仅积累了大量的工业化物理证据（如由厂房及水坝等组成的工业建筑、由纺织机及蒸汽机车等组成的工业构件），同时还可从中见证丰富的工业事件（如英国达尔比家族的技术更新历程）。而这些对于现代人尤其是脱离生产环节的青年群体、学生群体及相关从业者们而言，无疑是一种必要而新奇的文化体验，越来越多的城市选择将它们置于博物馆，由此工业遗产博物馆日益盛行。

作为"物化"地演绎和阐释人类过去生活的首选方式，博物馆也被当作工业遗产最有效、最出色的演绎工具之一，同时由于工业遗产自身体积过大、占地面积过大等特点，很多工业遗产博物馆都依托工业遗产原址而建。自 20 世纪 70 年代以来，随着城市中越来越多的"工业环境被转化成博物馆或文化遗产景点"[1]，枯燥、呆板甚至常常与污染联系在一起的工业遗产被妥善地安置在了城市公共文化空间中，为大众所认知与理解。

在实践过程中，工业遗产或以之为主题的博物馆进一步延展了城市形象所能呈现的维度，同时也使得城市文化变得更加生动、具体而富有特色。以位于英国莱斯特 (Leicester) 的修道院泵站 (Abbey Pumping Station) 为例，在它周围依托其建立了一座科学技术博物馆 (Leicester's Museum of Science and Technology，如图 4.4 所示)。位于图 4.4 最右侧的白色椭圆形建筑物为英国

---

[1]　O' Dell, T. & Billing, P.: *Experience scapes: Tourism, culture and economy [electronic resource]*, Copenhagen: Copenhagen Business School Press, 2005, p.39.

国家太空中心 (National Space Center) 的标志性建筑，由此所形成的早先蒸汽工业时代的象征与当今人类探索太空时代的象征的呼应，形成了跨越 200 年之久的科学技术发展历程"对话"，令人印象深刻，同时也构成了莱斯特极富特色的城市形象。

　　除此之外，相较于其他博物馆大多展览古代、近现代的文物古迹，工业遗产不仅在时间距离上要相对近许多，同时工业遗产对于经历工业生产时代生活的人群而言也是不得多的且必不可少的情感慰藉。在任何一座城市推进城市化与工业化的过程中，大多数工厂等工业建筑经历了建造、壮大、衰落、拆除的命运，然而依托这些工业建筑生活的人群或他们的后代却依然活着，这时工业遗产博物馆的出现就正好弥补了由此所产生的情感失落。而从这个意义上看城市的人文风貌也得以完整，城市的形象也变得更加丰满。简言之，相较于传统博物馆而言，在将近一百年的发展过程中，工业遗产博物馆逐渐成为一种全新的人类工业化时代生活的演绎方式。同时越来越多的工业遗产博物馆出现在了衰落后寻求复兴的工业城市中，不仅成为城市不同年龄层间情感交流的文化中介，也丰富了城市历史的有效注解手段与城市形象的重要呈现方式。

图 4.4　英国莱斯特的修道院泵站

二、工业遗产旅游促进城市经济的发展

在商业实践中，从城市经济发展上看，依托工业遗产发展起来的旅游业在很多欧洲国家及美国、日本等国家取得了成功，由此对于工业遗产的保护与利用不再局限于文化范式的研究，而是一种具有良好经济收益的资源开发方式。最成功的例子之一莫过于著名的"工业遗产旅游网络工程"——开放于 1999 年的德国"鲁尔工业遗产之路"(Ruhr Industrial Heritage Route)，其不仅吸引了全世界大量的游客到访，同时还帮助该区内的城市——埃森 (Essen) 成为 2010 年的"欧洲文化之都"(European Capital of Culture)。随后，在很多学者的努力下，"鲁尔工业遗产之路"被整合到了突破国家界限的"欧洲工业遗产之路"(European Route of Industrial Heritage,ERIH) 中，目前每年欧洲工业遗产旅游业大约有 1.5 亿游客，其中的约三千万人即源于 ERIH[①]。工业遗产旅游属工业遗产开发的有效方式之一，对于促进衰落工业城市经济的复苏与发展有着较大作用，由此也促进了城市的可持续发展。国外的实践逐步将工业遗产开发的最主要方式之一聚焦为工业遗产旅游，下文将分析工业遗产旅游开发的产品层级。

由于工业遗产旅游开发所需资金量大且筹集上存在难度，因此对其后期经济收益的首要来源——工业遗产旅游产品的打造就显得尤为重要。同时，从工业遗产旅游产品对旅游者的核心吸引力上判断，精神上及视觉上新鲜、奇特的工业文化体验的供给无疑是工业遗产旅游产品的核心价值。因此，对于产品形态与产品体系的确立应当更加侧重于突出工业文化的"非物质性"，并使得旅游者在获取新奇工业文化体验及学习工业知识后产生一系列消费。这不仅是工业遗产旅游产品打造的重要目标与准则之一，同时也是工业遗产旅游实现可持续发展的有力支撑点。但同时要注意到的是，对于该"非物质性"旅游产品的供给则需依托一系列筛选并精心配制后的物质性工业文化遗

[①]　资料数据引自 ERIH 官网：https://www.erih.net/about-erih/erihs-history-and-goals/〔查询日期：2024-07-10〕。

产才能得以实现。基于在英国的调研，本书初步梳理了工业遗产旅游产品的三个层级：核心产品、中介产品、外围产品，如图 4.5 所示。

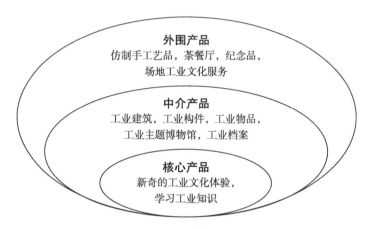

外围产品
仿制手工艺品，茶餐厅，纪念品，
场地工业文化服务

中介产品
工业建筑，工业构件，工业物品，
工业主题博物馆，工业档案

核心产品
新奇的工业文化体验，
学习工业知识

图 4.5　工业遗产旅游产品的三个层级

首先，工业遗产旅游的核心产品是指旅游者在完成旅游行为后，能够通过购买而获得的主要收益及关键性服务。以我国为例，由于长久以来存在着农业经济居于主导地位、城市化及工业化进程起步较晚、现行不同类别教育体系中针对工业文化的学科建设比重有限等现实情况，同时在以往工业遗产旅游的开发过程中存在着如重视物质工业遗产而轻视非物质工业遗产、错误地认为废弃工业遗留物体现发展"落后"、盲目一味追求"名人效应"等错误观念，导致社会中不乏对工业生产环节感到陌生甚至对工业文化、工业精神予以漠视的个人或群体。然而也正是基于这一点，在工业遗产旅游景点的产品形态及产品体系中，旅游者们所能获取的最为核心的收益即是前所未有的新奇工业文化及直观性体验过程。另一方面，在英国工业遗产旅游发展的最初阶段仅突出了产品的娱乐性，然而在后期则强调了教育性，并与不同层次的国家教育阶段相融合，取得了很好的社会效益。因此，与新奇的工业文化体验相伴的则是基础工业知识的观摩、学习及随后的消费。

其次，工业遗产旅游的中介产品主要是指为旅游者们提供新奇的工业文化体验等的物质性工业遗产，而工业文化的显性特征及隐性工业精神正是通过一系列物质性工业遗产而得以彰显，并给旅游者们以视觉冲击及心灵震撼。从具体包括的内容上看，其不仅有核心的工业建筑（如厂房、车间等）、工业物品（如车床、纺织机等）、工业构件（如关键性生产机构等），同时还有承载工业文化演进历程并部分展现城市发展脉络的各类工业档案，以及围绕工业生产所发布的政策法规、工人福利待遇改变过程中的物质化生活元素等。然而需要指出的是，对于呈现的中介产品需在翔实的调研及科学的评价后进行充分筛选，正确的选择尤为重要。除此之外，以工业文化为主题的博物馆也是重要的工业遗产旅游中介产品。而且基于现实情况来看，越来越多的工业遗产旅游景点选择了活态博物馆这一开发模式，不仅能够最大限度地满足旅游者们对于获取直观性工业生产及生活新奇体验的强烈要求，同时还能通过举办一系列工业场景的重现等特色活动丰富旅游者的游客视角与认知维度。其中最具代表性的例子是前文所述的布里茨山维多利亚小镇，通过闪现、重塑彼时工业社区的生活环节：如小镇所有工作人员沿用彼时的着装（如图 4.6 所示）和用语，小镇中有银行兑换当时流通的货币，还有用这些货币可以购买到当时人们所需的肥皂、药品等的店铺，通过新奇、真实的工业文化生活场景呈现吸引了大量不同群体的游客，由此实现了很好的经济效益及社会效益。

最后，工业遗产旅游的外围产品是指旅游者在旅游体验过程中所获取的其他类别增值性服务，除了一般性的工业主题茶餐厅、咖啡馆等配套餐饮业服务之外，还包括条件允许时由工业原材料所生产的各类纪念品和替代性材料所生产的一些仿制手工艺品。除此之外，依托旅游景点而配套供给的工业文化服务类活动及相关特殊活动也属此类产品。

图 4.6　英国维多利亚小镇中的工作人员着装

第四节　本章小结

　　以在英国各代表性案例的实地调研为基础，为进一步具体论述英国工业遗产对其城市复兴运动在不同方面所产生的积极影响，本章首先提出英国利用工业遗产推进城市复兴的三种指导理念——"以工业文化为导向的复兴""以工业精神为核心的复兴""以怀旧情怀为特色的复兴"。接着分三节提炼出该指导理念对城市复兴具有整体上的促进作用：以工业文化为导向对复兴策略的优化、以工业精神为核心对复兴内涵的充实、以怀旧情怀为特色对复兴效度的增强。并在每节将指导理念与城市的不同侧重点进行匹配，更为具体地总结出了英国工业遗产对其城市复兴的正向促进作用：工业考古提升了城市工业社区的福祉、工业遗产档案丰富了城市工业历史的阐释、工业遗产文化教育传承了城市工业文化的核心、工业遗产景观优化了城市环境的布局、工业遗产博物馆延展了城市形象的维度、工业遗产旅游促进了城市经济的发展。结合前后章节来看，本章主要以对英国工业遗产和城市复兴的理论探究为基础，从正面探究了英国工业遗产对其城市复兴运动所带来的促进作用，为下文从不同方面探究英国城市复兴运动对其工业遗产所带来的益处奠定了一定的基础。

第四章

英国城市复兴促进工业遗产的传承保护

　　20 世纪中后期英国若干工业城市开始衰落并寻求转型，在最初阶段一般会将废弃的工厂与生产作业场所视为障碍 (obstacles) 并将其移除。然而随着转型需求、大众审美、客观成效、社会文化生活变迁等方面的改变，此类做法开始发生了较大的转变。具体地说，自 20 世纪 90 年代开始，很多英国工业城市面临了一轮新的复兴历程，开始将包括废弃工厂等在内的很多工业遗产视作推进城市发展的机遇所在。Massimo Preite(2012：101) 指出，促成这一改变的因素还包括：战略视角的原则，公共、私人合作关系，可持续及城市遗产增强 (urban heritage enhancement) 等 [1]。实践表明，工业遗产不仅正向对英国推进城市复兴起到了积极作用，同时英国城市复兴也反向对工业遗产产生了诸多益处。下文将从城市复兴促进了工业遗产保护、城市复兴推动了工业遗产传承、城市复兴优化了工业文化发展这三个方面，分别基于城市文化、城市社区、城市文化地标、城市文化空间、城市文化区、城市创意产业这六个方面对工业遗产所产生的益处展开具体研究。

第一节　城市复兴促进工业遗产保护

　　从根本目的上看，城市复兴主要是为了让城市在社会经济生活发生变迁

---

[1]　Massimo Preite, *Industrial heritage re-tooled: The TICCIH guide to industrial heritage conservation*, Carnegie Publishing Ltd, 2012, p.101.

后能够更好地实现其主要功能，同时供人类在可预期的未来更好地居住和生活。从现实中看来，工业遗产的复兴 (urban regeneration via industrial heritage) 在欧洲等国取得了巨大的成功，而究其起点即首先在于城市中对工业遗产的保护。工业遗产不仅是工业城市宝贵的文化特征与历史记忆，同时也是城市文化与城市风貌的一种重要解读维度和感知入口。正是基于此，英国在推进城市复兴运动的过程中，将工业遗产视作城市发展的关键标注物及工业文化的主要参照物，并结合工业考古在学术和实践中的勃兴对工业遗产展开了保护，以下将主要从城市文化、城市社区这两个方面展开探究。值得一提的是，相较于强调脱离人类干预进行单纯保护的 preservation 而言，英国语境中对于工业遗产的保护大多使用 conservation 这个单词，强调可持续的再利用 (sustainable reuse)，并强调人类行为的积极适度干预，以下将论证城市复兴对工业遗产保护所产生的促进作用。

一、城市文化强化工业遗产保护的关键点

对于工业遗产的保护首要关注的是其对城市特色的标注与佐证，而城市文化则是保护工业遗产的关键点，换言之，城市文化赋予了工业遗产保护的主要目的与重要原则。在对工业遗产展开保护工作伊始，面对各种各样的工业遗产，遴选和确定保护对象是城市管理者们面临的第一个问题。尽管不同的国家不同的城市做出的选择不尽相同，但城市文化往往成为最核心的决定性因素。同时在实践中，围绕城市文化这一核心要义，英国、德国等国家还重点关注了其他的考虑因素，包括经济价值、环境价值、审美价值、遗产价值等，如图 5.1 所示：

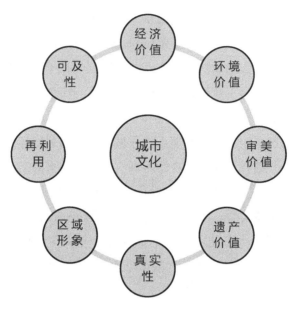

图 5.1　工业遗产保护的考虑因素

从实践中来看，工业遗产自身具有很特殊的外在形态与独特的工业美感，同时由于其在生产作业时期所承担的职责和发挥的功能，注定了其与其他类别的文化遗产有很大的不同。而这往往在城市复兴过程中被塑造成为城市文化中比较有特色的重要环节与组成部分，但城市特别是大中型城市的文化类型比较多样而复杂，因此工业遗产文化常常会与城市的其他类别文化进行融合，以共同构成城市特色鲜明的文化范式。

以英国曼彻斯特的凯瑟菲尔德保护区 (Castlefield Conservation Area) 为例，该内城区不仅是罗马时代罗马城堡 (fort of Mamucium, Mamucium 是 Manchester 名称的由来) 的所在地，也是世界首条工业运河——布里奇沃特运河 (Bridgewater Canal) 终点站所在地，同时还是世界首条客运铁路 (passenger railway) 终点站——曼彻斯特利物浦路火车站 (Liverpool Road railway station) 的所在地。由此曼彻斯特在 20 世纪 80 年代推进城市复兴过程中，充分考虑到了其城市文化的多样性与特殊性，对时空相隔甚远的罗马时代与工业时代遗产进行保护并将其进行整合，并针对重建后的城堡和古旧的铁路、工厂、磨坊、桥、仓库、烟囱进行保护性再利用，最后将它们合理地融合在一起建立了凯瑟菲尔德城市遗产公园 (Castlefield Urban Heritage Park)，前文第二章第三节所述的曼彻斯特科学与工业博物馆（保留了完好无损的纺纱机、铁路、发动机、蒸汽机等工业遗产）即位列其中。发展至今，凯瑟菲尔德已成功由一个被人遗忘的"城市角落"转变为繁荣的主要旅游景点①，不仅清晰地说明了工业化进程在该城市发展过程中所扮演的重要角色，而且还说明了城市文化对工业遗产保护所起到的重要作用。

二、城市工业社区夯实工业遗产保护的力度

工业社区是城市社区的重要组成部分，常分布于大型工业生活区中，其不仅集中见证了普通工人大众的日常工作和生活，同时更是地区和城市文化与社会生活变迁的重要空间佐证之一。工业城市的衰落除了引起城市自身的诸多改变（如城市形象恶化、城市竞争力下降、城市环境污染问题日趋严峻、城市经济长期不振等）之外，同时还对当地社区造成了巨大影响：大批工人失业、工厂废弃与工业景观被遗忘、社区萧条与社区污染、社区隔阂加剧等。因此对于地区经济与生活的复兴，工业社区天然有着较强的需求，而这种强有力的社区意识 (community consciousness) 几乎在推进所有英国城市的经济复苏和文化复兴过程中起到了极大的作用。同时这种作用具有很明显的可持续性，使得城市工业社区成为地区工业遗产重要的保护力量，由此增强了工业遗产的保护力度。

英国、德国等针对工业遗产的保护运动通常起步于当地社区，而具体的保护工作和针对工业遗产的适应性再利用常常由不同的信托组织所主导，比较著名的有前文提及的英国铁桥峡谷博物馆信托基金 (Ironbridge Gorge Museum Trust) 和新拉纳克保护信托基金 (New Lanark Conservation Trust)、布莱纳文合作伙伴 (Blaenavon Partnership)，而组成这些信托组织的主要成员除

---

① 资料引用自英国曼彻斯特政府官网：http://www.manchester.gov.uk/info/511/conservation_areas/972/castlefield_conservation_area/2［查询日期：2024-07-10］。

了政府城市管理人员、城市管理专家学者、相关领域专家学者之外，还有当地工业社区成员，由此所呈现的工业社区文化在很多英国工业遗产旅游景点中得到了印证，例如英国世界遗产新拉纳克专门设立了 19 世纪 20 年代到 20 世纪 30 年代的工厂工人住宅展示区以集中反映和解读其"纺织厂村庄"在彼时的生活场景；无独有偶，前文提及的布里茨山维多利亚镇则利用生态博物馆的形式全方位呈现了 19 世纪蒸汽时代地方社区的全貌 [1]。

在英国大部分城市衰落的初期，最初工业遗产的清理和保护工作均自发地由长期生活在地方社区的志愿者们所承担，他们成为工业遗产保护、管理、理解、再利用的重要力量。在 Middleton(1998: 226) 的专著《可持续旅游：营销视角》(*Sustainable Tourism: A Marketing Perspective*) 对英国铁桥峡谷博物馆发展历程探究的部分中，更是直接将社区描述为遗产的"卫士"(guardians) 及"阐释者"(interpreter) [2]。除此之外，城市里的工业社区还为后来工业遗产的转型与再利用提供了很多宝贵而专业的指导性建议，并成为相关遗产保护信托组织的资金来源渠道 (funding resource) 和地区复兴的受益者 (benefit recipients)。同时，他们还在改善地区环境、促进地区商业发展、推动地区特色旅游业发展和宣传城市工业遗产文化等方面发挥了重要的作用。

第二节 城市复兴推动工业遗产传承

面对普遍性的衰落与萧条，20 世纪末期的很多英国工业城市开始积极寻求新的转型之路，以实现城市的经济和文化等方面在全新历史时期的复兴。与以往将废弃的生产性遗产和工业遗留物视为无价值的障碍物并给予抛弃的做法所不同的是，英国开始将象征城市文脉与标注工业文明的工业遗产视

① 资料引用自布里茨山维多利亚镇 (Blists Hill Victorian Town) 官网：https://www.ironbridge.org.uk/explore/blists-hill-victorian-town/［查询日期：2024-07-10］。
② Middleton, V. T. C. & Hawkins R., *Sustainable tourism: A marketing perspective*, Oxford: Butterworth-Heinemann, UK: Ironbridge Gorge Museums, 1998, p.226.

作城市资源以开拓全新的发展机遇，尤其是面临着 20 世纪末到 21 世纪初勃兴的经济全球化，英国的城市复兴政策开始突破国家的限制并着眼于全球竞争，以塑造并实现现代城市在 21 世纪的可持续发展。

与此同时，以往对包括工业遗产在内的历史建筑仅单纯进行"原样"保护与呈现的城市规划理念发生了很大的改变，城市管理者们开始从具有高度历史价值、审美价值和社会价值的历史建筑中寻求经济收益以实现其经济价值，而这一点对于促进城市中工业遗产的传承起到了很大的作用：一方面，不仅有效缓解了维护管理成本居高不下与资金相对不足的遗产保护矛盾，还利用市场化的商业运作手段较好地宣扬了城市的工业文化。伴随着科学技术的发展和城市规划理念的更新，越来越多的工业遗产出现在了城市最繁华的中心，并被塑造成为城市的文化地标，在实现社会效益的同时实现经济效益。另一方面，城市中以工业文化为介质或以工业遗产为主题的文化空间也日益受到重视，以不同的形式在不同年龄层次的人群中创造商业价值，以下将分别通过案例论述城市文化地标和城市文化空间对工业遗产的传承所产生的积极作用。

一、城市文化地标塑造工业遗产传承的精髓

工厂、车间等工业建筑类遗产可改造的特性使人们对其进行改建和适应性再利用成为可能，随着西方社会大众审美的发展和景观处理手法的多元化，越来越多的传统工业遗留建筑被城市管理者和规划者们改造为城市的文化地标，而英国的泰特现代艺术馆 (Tate Modern) 无疑是英国依托工业遗产打造城市文化地标以推进区域复兴的最佳案例。

原油价格的上涨及新能源的冲击使得原本繁荣的伦敦旧工业区——萨瑟克区 (Southwark) 在 20 世纪 80 年代发展陷入停滞，位于该区的曾经辉煌的河岸发电厂则难逃被关闭的命运。在英国著名建筑师爵士贾莱斯·吉尔伯特·斯科特 (Sir Giles Gilbert Scott)（设计了著名的英国伦敦标志性"红色电话亭"）的设计下，河岸发电厂那高达 99 米的标志性大烟囱成为 20 世纪英国电力工业的象征，关闭后的发电厂虽然吸引了很多艺术家入住其廉价的仓库以进行艺术创作，但其仍然随时面临着被拆除的厄运。彼时千禧年即将来到，英国伦敦政府决定借助该区已有的文化氛围以推动地区复兴，而泰特现代艺术馆则圆满地满足了这一需求，同时也使得气势磅礴的工业遗产——河岸发电厂被保留下来。后经瑞士建筑事务所建筑师雅克·赫尔佐格 (Jacques Herzog) 和皮埃尔·德·梅隆 (Pierre de Meuron) 的改造，泰特现代艺术馆成为伦敦著名的文化地标（如图 5.2 所示）。

图 5.2　从千禧桥上看泰特现代艺术馆

著名的伦敦眼观光缆车 (The London Eye，又称千禧之轮 Millennium Wheel) 于 1999 年年底建成开放，千禧桥 (The Millennium Bridge) 于 2000 年 6 月 10 日正式对行人开放，而泰特现代艺术馆也于 2000 年正式对公众开放，在 21 世纪到来之际，伦敦政府设立了世界级的城市地标以推动地区复苏。经河岸发电厂改造后的泰特现代艺术馆与著名的圣保罗大教堂 (Saint Paul's Cathedral) 隔河相望，通过横跨泰晤士河的千禧桥实现了联通，与附近的伦敦眼观光缆车、滑铁卢桥 (Waterloo Bridge) 等共同构成伦敦一区的特色建筑群，在进一步促进伦敦文化多样性并稳固伦敦"世界城市"地位的同时，也明显为地区经济的复苏和文化的繁荣作出了重大贡献。而依托着每年稳定超过 500 万游客的巨大体量和绝佳的地理位置，象征伦敦昔日电力工业文化的工业遗产也在 21 世纪实现了面向全球的有效传承。

由此可见，城市文化地标与工业遗产的结合能够产生多方面的积极影响，在推进现代城市实现可持续发展的同时，还能够促进工业遗产实现新时期在不同群体中的有效传承。对于城市形象而言，由工业遗产所改造成的文化地标能够进一步丰富城市的标识系统，并提升其区域影响力和城市工业文化的影响力。而城市区域的产业结构也将在文化地标产生的经济效益中得到进一步的优化和升级，由此工业遗产的经济价值也得到了实现。

二、城市文化空间搭建工业遗产传承的平台

空间不仅是身体的延伸，更是社会文化与政治权力的角力场[1]，而城市中的文化空间尤其是公共文化空间则集中反映了城市的文化变迁脉络与社会发展历程，并逐步发展成为城市新的文化中心、教化平台和社交场所。从类别上看，城市的（公共）文化空间通常主要包括电影院、图书馆、博物馆及各类演艺场所，而随着经济全球化程度的不断加深，城市文化空间的功能定位也慢慢发生了改变，体现出了多元化的趋势。发展至今，世界语境中城市的各类文化空间开始突破文化遗产及文化产品的单一呈现与演绎，并在空间分配上越来越多地关注其教育功能与服务功能，以在实现知识传播与文化传承的同时向大众提供优质的文化休闲服务，成为文化遗产在新时期实现有效传承的有效媒介与重要平台。

在 20 世纪中后期的英国，很多城市将其文化空间打造成了工业遗产的宣介场所，最通常的做法即是直接在工业遗产及其周边以建立博物馆（如位于约克郡的大英铁路博物馆，National Railway Museum，简称 NRM）或在城市副中心区附近建造工业主题博物馆以陈展同类工业遗产（如位于伦敦的伦敦运河博物馆，London Canal Museum），不仅吸引了大量各年龄层次的游客，

---

① 毕恒达编著：《空间就是权力》，台北：心灵工坊文化事业股份有限公司，2001 年。

还带动了周边关联产业的发展，由此很好地实现了工业遗产在城市文化容器或文化范式中的传承与发扬。

得益于著名的欧洲北部最大的"哥特式"教堂——约克大教堂 (York Minster)、全英格兰最完整的城墙系统——约克古城墙和时间跨度长达九个世纪约克城堡 (York Castle) 等历史文化遗产，约克成为英国著名的旅游目的地，每年吸引英国本土游客近 600 万人次、国际游客近 300 万人次[①]。为了借助该优势实现工业文化的有效传播，约克政府采取了很多行之有效的举措，例如在位于约克乌斯河 (Ouse River) 另一侧的大英铁路博物馆 (NRM) 和约克大教堂之间设立了往来专线接驳车（如图 5.3 所示），以便于游客在两个城市主要旅游目的地之间游览。

图 5.3　图中左侧为 NRM 的专线接驳车，主要连接约克大教堂与 NRM

该博物馆基于英国国家铁路系统的约克北车厂而建并最早于 1975 年对公众开放，其活化利用了车厂中原有的厂房空间、轨道、机械设备和各类路线，以最大程度凸显英国铁路在其近代工业化进程推进和工业社会形成、变迁过程中所产生的巨大影响。发展至今，作为全球规模最大的以铁路和火车

---

① 资料数据引用自约克旅游局官网：https://www.visityork.org［查询日期：2024-07-10］。

为主要展出物的工业遗产博物馆，NRM 在游客体量上已成为仅次于伦敦区内博物馆的最受欢迎的博物馆，并荣获不少相关奖项（如图 5.4 所示）。除了通过转盘 (turntable) 展示数百辆不同种类的列车之外，世界最大的蒸汽火车、欧洲之星、出现在哈利波特系列电影中的霍格沃兹特快 (Olton Hall) 等，还同样将火车发动机、旧时的列车时间表及相关海报、相关报纸、列车站牌、列车员制服、彼时使用的火车票、彼时旅客使用的行李箱等相关物件进行展示，以全方位地传承让英国引以为傲的铁路工业文明。值得一提的是，在博物馆主展厅围绕 19 世纪火车建造了开放式的火车主题餐厅（如图 5.5 所示），让参观者们能够直接坐在真实的旧时列车车厢中享用咖啡及甜点，感受别样的文化休闲体验。

图 5.4　NRM 所获各项国际、国内奖项

图 5.5　在展览火车中间所设立的火车主题开放式餐厅

除此之外，还有一些英国城市会选择将工业遗产文化以元素的形式融入城市文化空间，通常见于一些中小型工业城市市中心的商圈或中心商务区(Central Business District, CBD)，包括以点缀的方式呈现在不同的文化空间中，并通常与以红褐色为主体色彩的砖墙融为一体，成为城市中传承工业遗产文化的其他渠道。

第三节　城市复兴优化工业文化发展

依托工业遗产所驱动的城市复兴不仅有利于"旧时"工业文化在新时期和新兴群体的阐释、传播与宣传，并能由此通过工业遗产在不同方面的巨大价值为城市创造经济收益，同时还有利于工业文化在变迁后的城市经济和社会生活环境中实现发展并由此获取新的生命力。因此，衰落后的工业城市在寻求城市发展转型和城市经济、文化复兴的过程中，必须主观强调对工业遗产的合理利用与开发，并立足城市特有的工业文脉以打造全新的城市形象与城市个性，否则将极大地贬损城市的文化特色、消减城市的综合竞争力，难以实现城市的可持续发展。

以英国利兹为例，其不仅是英国中部重要的经济、商业、工业和文化中心（有"英格兰八大核心城市之一"的称号），同时还是仅次于伦敦的英国第二大金融中心和第二大法律中心及英国重要的交通枢纽。作为英国人口第三（仅次于伦敦和伯明翰）的重要工业中心城市，本可以依托其强大的制造业工业文化基础以塑造全新的城市形象与城市个性，但由于目前所暴露出的商业项目过重、乡绅化 (gentrification) 趋势日益显现、城市文化空心化、城市商业区同质化严重等问题，以及城市复兴过于仰赖商业投资和企业主导式发展模式，使得利兹未能很好地依托其丰富的工业遗产实现城市文化特色的形成与城市独特标识的打造，Jasna Cizler (2012: 233) 甚至指出现阶段的利兹只是"购物中心"(a center for shopping)①，从而很难实现真正意义上的全面复兴，因此城市复兴进程的推进需强调工业文化的继承与发展。在英国的实践中，城市复兴对于城市工业文化发展的优化主要体现在城市文化区和创意产业这两个方面，以下将通过案例分别展开论述。

一、城市文化区增强工业文化的物质化发展

区域 (District) 作为凯文·林奇城市意象理论中"五大城市形体环境要素"的重要组成部分之一，对大众把握城市结构、认知城市肌理、理解城市行为能够起到重要作用，进而对于城市整体形象的树立和城市独特风貌的形成在整体空间上起到"定型"的作用。基于此，英国在针对衰落工业城市的改造和重塑过程中，借助了工业遗产的原有构成特点与原址空间特点，设立了相关的文化区 (cultural sector/cultural quator，又称遗产区 heritage sector/quator 或文化遗产区 cultural heritage sector/quator)，由此以工业文化为主体的城市文化区发展成为城市的特色节点，突出了工业文化的物质性，实现了工业文化以空间形态在现代城市中的集中呈现和可持续"发声"。为具体阐释城市文化区对工业文化发展所起到的作用，现以位于英国的"2017 年英国文化之

---

① Jasna Cizler: *Urban regeneration effects on industrial heritage and local community—Case study: Leeds, UK*, Sociologija sela, no. 50, 2012.

城"——赫尔河畔金斯敦自治市 (Kingston upon Hull) 的"赫尔旧城遗产行动区" (Hull Old Town Heritage Action Zone) 为例展开论述。

被英国大众认知为"被遗忘的城市"的赫尔目前仍处于城市复兴期，自 2013 年 11 月 20 日英国文化部长 (Culture Secretary)——玛丽亚·米勒 (Maria Mille) 宣布"2017 年英国文化之城"荣归赫尔之后 [①]，其城市复兴进程在很大程度上得到了加速与深化。发展至今，根据赫尔市政府的官网资料，赫尔依托其持有的 461 项在国家层面作为文物保护对象而登记在册的历史建筑物 (Listed Buildings)、255 项在地方层面作为文物保护对象而登记在册的历史建筑物 (Local List)、4 项经英国遗产信托基金 (English Heritage Trust) 遴选出的"列入计划的历史遗迹" (Scheduled Monument)、2 处注册历史公园及花园 (Registered Historic Parks and Gardens)、2580 项英国遗址及遗迹档案 (Sites and Monuments Record) 等各类文化遗产资源划分出了 26 余处保护区 (Conservation Areas) [②]，其中赫尔旧城遗产行动区因持有上述各类文化遗产的 40% 左右而受到了重点关注，旧城区不仅毗邻著名的赫尔河 (Hull river) 与赫尔码头 (Hull Marina)，同时被众多各类历史遗迹和文化空间所围绕。

从历史上看，受惠于自 18 世纪中后期伊始的工业增长，赫尔主城区及港口腹地 (hinterland) 在赫尔港口关联产业的繁荣发展中开始加速推进其城市化进程和工业化进程。同时随着最早可追溯的 12 世纪的渔业开始愈渐萧条，并逐渐被原材料加工业、制造业和工程建设等挤压和替代，赫尔本身也发展成为英国工业革命的重要组成部分。而旧城区作为拥有超过 700 年人类居住历史的重要城市文化区块，如今已成为赫尔当之无愧的历史中心与文化遗产中心。其记录和见证城市漫长社会生活和文化变迁的"水果市场" (fruit market) 如今已在城市复兴运动中逐渐转变为现代文化休闲区域（如图 5.6 所示），持续地推进着区域与赫尔市中心、博物馆区 (museum quarter) 及海滨区

---

① 资料翻译整理自英国政府官网：https://www.gov.uk/government/news/hull-crowned-uk-city-of-culture-2017［查询日期：2024-07-10］。

② 资料翻译整理自赫尔政府官网：http://www.hullcc.gov.uk/portal/page-_pageid=221,130760&_dad=portal&_schema=PORTAL［查询日期：2024-07-10］。

的沟通和连接。而旧城区左侧的赫尔码头则集中呈现了赫尔工业化进程的萌发、勃兴、衰落与变迁过程，并被塑造成"英国文化之城"计划中的最重要的文化活动区域（如图5.7所示）。同时连接着北海的特色码头区也体现出了赫尔工业文化的外在特点，由此使其不仅成为赫尔目前最主要的旅游目的地和特色文化区，更成为赫尔工业文化历程的城市特色节点，增强了抽象工业文化的物质化程度，通过推动区域经济的复苏与产业链的成熟以促进城市工业文化的发展。

图5.6　如今的"水果市场"区已成为赫尔旧城区的特色文化区

图5.7　左侧为"文化之城"及其相关文化活动的宣传牌，右侧为赫尔码头

二、城市创意产业推进工业文化的产业化发展

创意产业 (creative industry) 最早由英国首相托尼·布莱尔于 1997 年提出，后在韩国、澳大利亚、新西兰、日本和欧洲等发展壮大，类似的提法还有内容产业、文化产业、文化创意产业、版权产业等。中华人民共和国国务院于 2009 年发布的《文化产业振兴规划》中首次明确提出将文化产业建设成为国民经济支柱性行业，近几年文化产业在中国各大城市发展势头迅猛。而随着人类社会开始步入后工业时代，创意产业在国家经济中的贡献值不断提高，创意产业经济所占的比重也持续增加。而在英、美等国的实践中，工业遗产发展成为创意产业发展的重要驱动力，促进了城市的可持续发展。

就英国的情况而言，创意产业对其国家经济的发展作出了巨大的贡献，英国政府官方数据表明：2017 年创意产业为英国经济直接或间接贡献总额超过了 920 亿英镑，其主导创意产业发展的文化、媒体和体育部 (DCMS) 每年为英国经济发展贡献百分之几乎占到了 4%，同时也占到了英国总增加值的 14.2%[①]。在英国城市复兴过程中，面对众多遗留的工业遗产，发展创意产业也通常是城市管理者和规划者们所选择的发展途径之一，并取得了很好的经济效益与社会效益。究其原因，从特点上看，创意产业强调人们智力和创意的运用，而工业遗产本身很好地契合了城市创意产业的萌发与勃兴：工业遗产所包含的工业精神（锐意创新、精益求精、务实勤勉等）正是创意产业发展之魂，同时工业遗产特有的审美情趣、历史文化特质与科学知识含量都成为创意者们创意灵感、艺术创作、产品设计等的源泉，而工业建筑类遗产低龄质优、空间形态宏大空旷的特点也营造了有利于创造力形成和创意迸发的氛围。基于此，城市中越来越多的创意产业选择了依托工业遗产推进融合发展，而随着创意产业在产业结构中的不断增加和在社会认知中所形成的广泛认可，城市创意产业也成为推动工业文化发展的重要动力与发展趋势。除了前文提及的利用工业遗产开发旅游产品、在工业遗产上建立博物馆、将工业

---

① 资料数据引用自英国政府官网：https://www.gov.uk/government/news/creative-industries-record-contribution-to-uk-economy［查询日期：2024-07-10］。

遗产文化元素融入服务业等方式之外，英国还通常选择建立创意产业园区以实现城市中创意产业与其工业遗产的融合共生发展，现以位于英国伦敦的刚成立的"巴金创意产业区"(Barking Creative Industries Zone) 为例。

巴金位于英格兰东伦敦，属大伦敦区巴金——达格南自治市 (London Borough of Barking and Dagenham)，其支柱产业在工业革命浪潮中依托罗丁河 (Roding) 由渔业、农业转变为商品果蔬种植业 (market gardening)、水产捕捞业，19 世纪后期生产麦芽、火柴、老式电影胶片的工厂和贮藏设施也在该区得到了蓬勃发展，但在 20 世纪中后期进入衰落期。自 2016 年 1 月 21 日伦敦前市长鲍里斯·约翰逊 (Boris Johnson) 宣布投资 20 万英镑以用于支持"巴金创意产业区"建立开始[①]，发展至今，该区已发展成为包含 8 家创意合伙人 (partnerships)、5 处公共艺术及公共领域 (public art and public realm)、6 项创意区发展计划 (Barking Creative Industries Zone Proposals) 的新型依托工业遗产发展而成的文化创意产业区，详见表 5.1：

表 5.1 巴金创意产业区现状[②]

	创意合伙人	公共艺术及公共领域	发展计划
巴金创意产业区的主要创意产业	Ice House Quarter "冰屋" 区	The Catch "捕捉" 门式艺术品	Cambridge Road Creative Arts Hub and The Bath House Barking permanent home 剑桥路创意艺术中心和巴金区浴室永久屋
	Ice House Court "冰屋" 场	The Lighted Lady "发光女士" 雕塑	Linton Road – Workspace and Artist Living Accommodation 林顿路—艺术家工作居住区
	Studio3 Arts and Galleon Centre 3 号工作室艺术与帆船中心	Barking Town Square Folly 巴金镇广场 "福伊" 人工废墟	Gascoigne West "西加斯科因"

① 资料引用自英国伦敦政府官网：https://www.london.gov.uk/press-releases/mayoral/new-20m-london-regeneration-fund［查询日期：2024-07-10］。

② 资料翻译整理自英国大伦敦区巴金—达格南自治市官网：https://www.lbbd.gov.uk/residents/［查询日期：2024-07-10］。

续表

	创意合伙人	公共艺术及公共领域	发展计划
巴金创意产业区的主要创意产业	The Broadway Theatre 百老汇剧院	The Light Waves "光浪"交互式炫美照明装置	The Malthouse – Creative Community Kitchen and Workspace 麦芽制造厂—创意社区厨房及工作区
	Abbey Leisure Centre 修道院休闲中心		Performance Space at Galleon Centre 帆船中心的表演空间
	The Bath House Barking 巴金区浴室	The Idol "偶像"公共社交区	Broadway Theatre 百老汇剧院
	Barking Enterprise Centres 巴金企业区		
	Cinema 电影院		

以依托罗丁河畔建立的"冰屋"区 (Ice House Quarter) 合伙人为例，其不仅成功地吸引了大批艺术家、设计师、创意人、制造商等入驻，而且提供了很多各类创意群体负担得起的工作室和创意空间，旨在为现有创意艺术、表演、设计和相关工艺组织间构建关联并搭建平台。与此同时，得益于地处工业化进程勃兴时期的海运业蓬勃发展区，"冰屋"区包含了大量的渔业遗产，无论是民众在河畔游览还是创意人在此间创作均能感知到生产作业时期的渔业文化。由此巴金区极富特色的工业文化借助创意产业的振兴而实现了演绎、传播和发展，同时也在实践上推动了工业文化的产业化发展。

第四节　本章小结

本章与第三章关系最为紧密，是从英国城市复兴的角度反向分析其对城市工业遗产所产生的影响与作用。本章从三个方面探究了城市复兴对工业遗产的益处。首先，立足于城市复兴对工业遗产保护的促进，并结合英国曼彻斯特的凯瑟菲尔德保护区和各著名工业遗产保护类信托基金的实证分析，指出城市文化强化了工业遗产保护的关键点、城市工业社区夯实了工业遗产保护的重要力量；其次，强调了城市复兴对工业遗产传承的推动，并结合伦敦泰特现代艺术馆和约克大英铁路博物馆这两个著名案例，提出了城市文化地标塑造工业遗产传承的有效途径、城市文化空间搭建工业遗产传承的重要平台；最后，以利兹作为反面案例明确城市复兴的全面实现与其工业文化发展之间的重要依存关系，强调城市复兴优化了工业文化发展，并结合赫尔旧城遗产行动区和伦敦巴金创意产业区这两个典型案例，指出了城市文化区增强了工业文化的物质化发展、城市创意产业推进了工业文化的产业化发展。由此，完成了英国城市复兴与工业遗产双向逻辑关系的理论探究与互益效应的例证分析，为第五章针对英国世界遗产——铁桥峡谷的案例研究奠定基础。

第五章

铁桥峡谷地区工业遗产与城市复兴的
互益效应作用

为进一步论证第三章、第四章关于英国工业遗产与城市复兴互益效应的研究，本章将以英国首个世界遗产（属"工业遗产"类别）——铁桥峡谷地区为例，论述该区工业遗产与实现区域复兴之间紧密而复杂的互益关系。

第一节 铁桥峡谷的辉煌与衰退

一、塞文河对地区发展的重要作用

作为英国境内最长的河流及第二长的可航行河流，塞文河 (River Severn)全长约 354 千米，流经了英国威尔士中部、西密德兰、西南英格兰的波厄斯郡、什罗普郡、伍斯特郡、格洛斯特郡。其中，塞文河有长约 5 千米的河段流经了什罗普郡 (Shropshire)，并凭借其重要的历史地位和独特的人文风貌与铁桥等工业景观，在 1986 年由 UNESCO 认定为世界遗产——铁桥峡谷。事实上，作为由塞文河切割而得以形成的深峡谷，铁桥峡谷原名塞文谷 (Severn Gorge)，后因当地乃至整个英国的工业革命纪念碑——铁桥的建成才得以更名。

作为铁桥峡谷地区最为关键和显著的特征，塞文河在铁桥峡谷地区的发展历史中占有举足轻重的地位：毫不夸张地说，没有塞文河就没有区域的工业发展进程与辉煌，尤其是对于东什罗普郡而言，这种重要性更是不言而喻。位于该区的煤溪谷 (Coalbrookdale) 能够取得成功，不仅得益于塞文河，还得益于该区富含易于开采且可用于制造铁、瓷砖与瓷器的矿产（如煤矿、铁矿、石灰石与黏土等），加上塞文河既深又广、利于运输的特性，使得塞文河谷 (Valley of the River Severn) 在当时成为在铁桥建成以前工业化最先萌发的地区。

16 世纪中后期，由于当时的欧洲面临着森林砍伐过度的问题，由此使得煤的重要性不断增强并逐渐成为沿河贸易的主要组成部分，而位于塞文河谷的一些小镇和城市如什鲁斯伯里 (Shrewsbury)、布里奇诺斯 (Bridgnorth)、伍斯特 (Worcester) 等也开始寻求更为物美价廉的燃料，而位于什罗普郡的煤田则较好地满足了这一需求。与此同时，得益于相对成本更低的交通运输成本，在煤、铁及相关制品等工业化进程逐步在塞文河周边勃兴，塞文河的存在也使得工业产品能够被输送到布里斯托港，从而船运至世界各处。除了对该区工业化进程所产生的重要作用，塞文河还在很大程度上组织并构成了当地社区和大众的社会文化生活，演变为该区文化变迁的关键标注物。例如时至今日峡谷入口处每年依然会面临着泛洪的问题，而在铁桥建成之前渡船是人们过河的唯一方式，铁桥建成后民众的生活方式才发生了很大的改变。因此塞文河在塞文河谷及后来的铁桥峡谷地区的发展历程中扮演着十分重要的角色，同时该重要性也一直持续到今天。发展至今，在英国城市复兴运动中铁桥峡谷已演变为风景优美的旅游胜地，塞文河也成为该世界遗产地绝佳的旅游资源之一，持续地推动着地区经济的复苏与文化的振兴（如图 6.1 所示）。

图 6.1　风景优美的塞文河谷成为举世闻名的旅游景点

二、达尔比家族的工业技术创新与工业精神

工业技术创新是工业精神的重要组成部分，也是具有较高价值的非物质工业文化遗产之一。事实上，围绕铁桥峡谷的学术研究中有一部分即是专门针对当地达尔比家族 (the Darbys) 在炼铁、制铁等相关工业技术领域的持续革新与此中包含的创新精神。毫不夸张地说，鉴于其对英国经济地理和工业地理所产生的深远影响和巨大改变，亚伯拉罕·达尔比一世 (Abraham Darby I) 是整个英国工业革命的"中枢人物"，而其所引领的工业技术革新和由此所体现的工业精神早已载入英国乃至世界的工业历史。

达尔比一世于 1708 年搬到煤溪谷地区，在众人的疑惑与不解中坚信自己能够改进当时的冶铁技术，并于 1709 年在熔炉（即 Furnace，铁桥峡谷中的首要工业遗产，如图 6.2 所示）中因创新性地首用矿物燃料（焦炭）炼铁 (smelted iron with coke) 而极大地促进了炼铁工业的发展。此举不仅解决了当时的燃料紧缺问题，同时由于多孔透气的焦炭相对质地更为坚硬且抗压能力更强，使得其产量能够实现大量增加。数年后随着越来越多的铁制壶、罐、盆和大锅从铸造厂（即 Foundry，由达尔比一世建于 1703 年）中被成功炼制并走进人们的家里，以及各类具有装饰性的铁铸物品在 19 世纪实现了较大规模的量产，逐步引发了工业革命在当地乃至整个英国的萌发与发展。

图 6.2　铁桥峡谷首要工业遗产——熔炉 (Furnace)

达尔比一世于 1717 年死于腹绞痛时其子年仅六岁，因此他的煤溪谷公司后为其女婿理查德·福特 (Richard Ford) 所掌控。直至 1738 年，达尔比二世成为管理合伙人 (Managing Partner) 之后才开始延续工业创新之路，而其最主要的成就即在于他于 1748 年创造出的"可锻铁" (forgeable iron)。随后达尔比三世在 1773 年完全掌控公司后，出于对"铁可制成万物"的笃信，克服了各种困难并最终推动了铁桥于 1779 年的最后建成，而这也成为该家族最为重要的可见遗产 (visible heritage)，同时也是英国最重要的工业遗产之一。19 世纪初期拿破仑战争 (Napoleonic Wars) 的兴起导致了公司由盛转衰，因此到了达尔比四世时，推动公司经济的复兴成为其首要任务。为此其积极参与 1851 年举办于英国伦敦水晶宫 (Crystal Palace) 的首届世博会 (Great Exhibition，又称万国工业博览会)，通过展出其制作的"锻铁大门和'男孩与天鹅'喷泉组合展品"（该展品当时被陈列在水晶宫的走廊入口处，现为伦敦海德公园的大门）使得达尔比家族及其公司声名大噪，这也成为达尔比四世为其家族所作出的最大贡献。

达尔比家族及其始于 1709 年所推动的一系列关键性事件对世界工业发展产生了重要的积极影响，在此过程中所彰显的宝贵的工业精神历经四代而传承至今。由于达尔比家族是虔诚的贵格会 (Quakers) 信徒，因此至今没有任何他们家族成员的肖像得以流传下来，但其对英国乃至世界工业化进程所做出的巨大推动作用以及体现出的坚忍不拔和追求创新的工业精神将永远为世人所铭记。

三、铁桥峡谷——英国首个世界文化遗产的成形

正如前文所言，达尔比三世对铁桥最终的建成功不可没，这不仅体现在他对建桥资金的大力支持，同时还出于他对"在塞文河上完全用铁修建一座桥梁"这一旁人看来"不切实际且虚妄"想法的全力支持，并最终使得该桥在洪水频发的塞文河上得以建成。铁桥建于 1779 年，并于 1781 年元旦正式对公众开放。铁桥是世界首座完全由铸铁所制而成的大桥，为跨度达 100.6 英尺（30.63 米）的单跨桥，其高度达 52 英尺，宽则为 18 英尺。全桥由超过 1700 个独立部件所构成，而最重的独立部件近 6 吨重，因此桥体总重量超过了 384 吨。铁桥建成以后能够将周边的几个工业城市连接起来（如工业中心 Coalbrookdale、矿业小镇 Madeley、工业城镇 Broseley），极大地推动了地区工业的整体发展。

"铁桥"的想法最初由来自什鲁斯伯里的著名建筑师托马斯·普里查德 (Thomsa Pritchard) 于 1773 年向绰号为"铁疯子" (Iron Mad) 的约翰·威尔金森 (John Wilkinson) 提出，随后得到了达尔比三世和其他合伙人的支持。1934 年铁桥成为英国在册古代历史遗迹 (Scheduled Ancient Monument)，属第一等级保护建筑，并于同年关闭了车辆交通的通行。在 1950 年铁桥所有权转入什罗普郡市政厅 (Shropshire County Council) 名下后，行人通行费也随即取消。到了 1971 年，什罗普郡市政厅将塞文河谷指定为"保护区"(conservation area) 并为之配套实施了一系列的保护性政策。到了 1986 年，

鉴于"铁桥峡谷区对世界科学技术和建筑学的发展所产生的巨大影响"[①]和其对工业革命的象征性意义，UNESCO 将其收入世界遗产名录。这不仅是英国的首个世界遗产，同时也是英国首个以"工业遗产"为主题的世界遗产，另外铁桥峡谷还是前文提及的"欧洲工业遗产之路"定位点之一，这也表明了世界遗产语境对英国工业文化的认可。

如今铁桥已经成为铁桥峡谷最核心的工业遗产之一，每年吸引着数以百万的游客、学者、学生及各类群体慕名前来，其优美的造型与背后蕴含的重要意义在峡谷景观区中成为核心吸引物，持续地推动着该地区在后工业时代的繁荣与发展。

四、铁桥峡谷的衰退

铁桥峡谷的衰退将从达尔比家族的兴衰历程和整个地区的盛衰变化这两个方面展开论述。建成后的铁桥在数次洪水中丝毫无损，不仅事实验证了以达尔比家族为代表所勇于推行的技术革新的正确性，同时也使得达尔比家族企业声名鹊起：全国各地接踵而至的订单极大地促进了其企业的发展壮大。然而在近三十年后，随着 19 世纪初拿破仑战争的兴起及逐渐平息，以各类铁器为主的贸易在铁桥峡谷地区遭遇了价格的持续下跌。尤其是在 1815 年战争偃旗息鼓后，与来自南威尔士和黑乡（Black Country, 即英格兰的最密集工业区之一）的激烈竞争，使得达尔比家族遭遇困境以致在 1818 年熄灭了位于煤溪谷的鼓风炉 (blast furnace)，直到 20 多年后才重新开启。与此同时，煤溪谷公司的机器整体显得老旧而笨拙，工人们依然在建造于 40 多年前的工厂里从事生产作业活动，例如煤溪谷的重要技术创新成果——"决心"横梁发动机 (resolution beam engine)（如图 6.3 所示），发明于 1781 年，主要用于鼓风机循环用水，现已被拆卸。随后在达尔比四世与其夫人等人的多方努力下（包括继续改进技术、持续投资塞文河其他桥梁建设等），以 1851 年的

---

① 应用自 UNESCO 世界遗产名录官方评语：http//whc.unesco.org/en/list/371〔查询日期：2024-07-10〕。

伦敦万国工业博览会、1853 年的都柏林国际博览会、1855 年的法国国际博览会、1873 年的维也纳博览会等为契机，达尔比家族的企业才逐步走出经济萧条，恢复以往的强盛。

图 6.3　煤溪谷公司于 1781 年建立的"决心"横梁发动机 ①

在 1874 年后的十年间，由于主要的资本主义国家已相继完成了工业革命，并且同样需要对外倾销商品以解决国内产能过剩的问题，加上英国前几次经济危机中所遗留的问题，使得英国在这段时间经历了经济的大萧条，GDP 年均增长率不足 0.5%。由此，铁桥峡谷地区也自然未能幸免，很多工业企业因经济衰退而难以为继，例如科尔波特瓷器公司 (Coalport china works) 于 1875 年关闭（1880 年重新营业，但 1925 年后最终关闭）。煤溪谷公司于 1883 年起停止炼铁，"马草"(Horsehay forge) 公司关闭，用于运送工业原料的"干草斜坡"(Hay incline) 正式关闭，布里茨山熔炉 (Blists Hill furnace) 关闭等等。

随后 20 世纪初期及中后期的世界经济大萧条（尤其是 20 世纪 80 年代末期和 20 世纪 90 年代初期）也对铁桥地区的衰退造成了影响，1976 年很

---

① 本图引用自 Hayman, R.: *Ironbridge: History & guide*, Stroud: Tempus, 1999.

多英国的博物馆游客增长率由以往的 20% 以上下降到了不足 12%(Beeho & Prentice, 1995)[①]。海湾战争的爆发更是加剧了旅游行业的不景气，而这一系列旅游业的萧条也直接影响到了前文提及的铁桥峡谷信托基金下辖的各博物馆（如著名工业遗产主题生态博物馆——布里茨山维多利亚镇等）。由此，铁桥峡谷在新时期开始了寻求复兴的历程。

1880 年后的衰落使得整个峡谷停滞于"维多利亚晚期"的社会状态，直到 20 世纪 60 年代鲜有新式建筑在该地区建立。由此引发了地区对实现复兴极高的需求（尤其是东什罗普郡地区）。1963 年随着道利新城镇计划 (New Town of Dawley, Dawley 后更名为 Telford) 的提出与实施，一系列依托工业遗产展开的城市复兴项目与计划得以推进（如将 30 英亩的旧矿井堆改建为新式住宅等）。

第二节　铁桥峡谷区域复兴关联工业遗产的主要利益相关者

受资源枯竭、经济全球化等因素的影响，20 世纪中后期的铁桥峡谷地区面临着传统铁业及关联产业的整体性衰退，在此大背景下，随着工业考古在 20 世纪 60 年代的兴起与发展，英国开启了保护并利用工业遗产的运动，旨在推动相关地区的复兴，而铁桥峡谷则是其中最为成功的例子之一。以下将分析铁桥峡谷的三个主要利益相关者在其复兴进程中所发挥的重要作用。

一、社区与志愿者的重要贡献

社区和志愿者是英国遗产运动中最不可或缺的重要力量之一，社区参与了遗产地在文化变迁过程中所经历的困境与变化，同时也是文化遗产最直接、最真实的"见证人"与"亲历者"，对遗产地在人类后工业时代的维护、诠释、理解与复兴有着"天然"的动力；而志愿者则是英国遗产运动中的"生

① Beeho, A. J. & Prentice, R. C.: *Evaluating the experiences and benefits gained by tourists visiting a socio-industrial heritage museum: An application of ASEB grid analysis to Blists hill open-air museum, the Ironbridge Gorge museum, United Kingdom, Museum Management and Curatorship*, vol.14, no. 3, 1995.

命力"(lifeblood)，他们的专业知识、敬业精神、直接的经济捐助等，在英国遗产运动发展壮大的每个阶段都作出了相当重要的贡献。

在工业衰退成为日益普遍的城市发展趋势之后，为解决愈演愈烈的社会贫困、社会隔阂等影响社会稳定的棘手问题，摧毁和拆除成为英国最初针对废弃的工厂、设备等工业遗产所采取的措施，在此过程中大量的工业社区由于种种原因得以相对完整地保留了下来，为后来社区巨大作用的发挥创造了有利条件。20 世纪 50 年代后，曾经作出重要贡献的工业社区在大面积经济萧条与衰退后陷入了可怕的生活环境，需要被关注及改善。在这个背景下，一些源于社区、立足于本地、具有自发性质的志愿者组织和协会得以成立。例如在铁桥最初阶段成立的煤溪谷档案协会 (Coalbrookdale Archives Association) 即是由一批本地人自发组织成立，旨在抢救一些具有一定价值的图书、档案、物品，为避免这些珍贵资料遭遇被损毁的命运作出了重要的贡献。

除了社区之外，志愿者群体同样也在英国依托工业遗产推进城市复兴的进程中扮演了较为重要的角色，并作出了较大的贡献。以铁桥峡谷博物馆信托基金 (IGMT) 为例，其成立初期正式全职员工仅为 160 人，而志愿者却有近 400 人，截止到目前正式员工也仅为 227 人，志愿者队伍却已增长到了 803 人，表明志愿者队伍成为团队的骨干力量。另一方面，志愿者队伍对于 IGMT 的收入也作出了较大贡献，依据英国慈善委员会 (Charity Commission) 的最新官方数据（如图 6.4 所示），志愿者 (voluntary) 在 IGMT 年收入总额中所占比重有近 50% 之多，充分体现了志愿者所作出的巨大贡献。

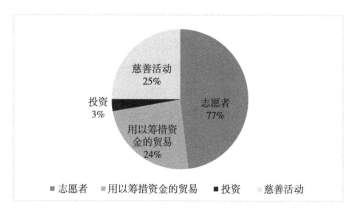

图 6.4　IGMT2016 年年度财报的收入构成 [①]

二、铁桥峡谷博物馆信托基金的重要作用

20 世纪 60 年代到 70 年代，一场旨在创造"新类型遗产地"的国际运动开始兴起，而铁桥峡谷博物馆信托基金 (IGMT) 则无疑站在了该运动的最前沿。在英国道利开发公司 (Dawley Development Corporation) 及各方工业遗产学者、爱好者及志愿者的共同努力下，IGMT 成立于 1968 年，致力于保护并解读作为工业革命发源地的铁桥峡谷地区。其在组织形式上属于英国独立的教育慈善组织（注册编号为：503717），首任 CEO 是英国著名工业历史及工业考古专家，即前文提及的 TICCIH 首任主席——爵士尼尔·考森斯 (Neil Cossons)。在创立之初、1973—1975 年建立完善时期、1979—1988 年发展壮大时期、后续管理运营时期等不同发展阶段中，IGMT 始终坚定地奉行独立原则，尤其是在 1989 年后 IGMT 更是以资金独立为第一发展要义。尽管其收入来源的小部分是从英国及欧盟中获取，然而其依然独立于英国中央和地方政府，并对于铁桥峡谷地区相关事宜保有绝对的话语权，这一点在英国甚至世界博物馆领域都是不多见的。

---

① 图片数据引用自英国慈善委员会官网：https://apps.charitycommission.gov.uk/Showcharity/RegisterOfCharities/CharityWithPartB.aspx?RegisteredCharityNumber=503717&SubsidiaryNumber=0［查询日期：2024-07-10］。

IGMT 在地区经济的复兴与工业文化的传承等方面发挥了举足轻重的作用，其在成立首年便吸引了超过 1 万名游客造访，10 年后该数据已翻了 40 倍，达到了 40 万人次。尽管旅游人数在 20 世纪 90 年代遭遇了下降（当时几乎全英国博物馆的到访人数均出现了下降），然而其在 1995 年仍然吸引了约 30 万游客，为当地社区创造了超过 1000 万英镑的收入。作为英国独立的工业遗产组织，IGMT 持有很多与地区工业历史和工业化进程相关的历史遗迹，包括其下辖归属"世界遗产地——铁桥峡谷地区"的 35 处历史遗迹和 10 座工业遗产主题博物馆、2 座小教堂、2 座贵格会教徒公墓、1 座研究性图书馆、1 处游客信息中心及旅馆房产等。

正如本章开头所言，针对工业遗产的保护与利用耗资巨大：铁桥峡谷的第一阶段和第二阶段改造工程总花费近 4 亿英镑。而在该项改造资金募集的过程中，IGMT 发挥了巨大作用。其除了通过依靠英国政府推行引导社会投资的优惠政策（例如不仅减免投资资金的税收，还给予高达 25% 的资金返还）之外，还通过销售产品和门票、租赁场地、提供服务、成立单独的贸易公司、吸引各类捐赠及政府资金拨付支持，推动地区改造和复兴。如今铁桥峡谷已成为工业遗产改造和利用的绝佳典范之一，而 IGMT 吸纳的私人投资和其市场化运作方式功不可没，其在铁桥峡谷地区的资金募集、工业文化宣传、工业精神解读、场地改造建设、后期运营管理等关键环节中均发挥了巨大的积极作用。

三、国际铁桥文化遗产研究院的重要影响

国际铁桥文化遗产研究院源于英国伯明翰大学与 IGMT 共同建立的伙伴关系，旨在为针对文化遗产所展开的批判性研究营造具有创造力的学术环境，同时致力于塑造一种崭新的、跨语境并富有挑战力的理论和研究视角，以帮助文化遗产在不同文化语境和社会中的理解、阐释、管理、流动等。同时，在文凭教育上，IIICH 除了提供包括硕士研究生、博士研究生等相关的全日制或远程教育课程（详情见第三章的第二节）之外，还强调针对文化遗

产、文化政策等主题从事跨学科研究，帮助学生参与英国及世界相关文化政策的研究和制定。目前其设立于伯明翰大学的历史和文化学院（属五大学院中的艺术与法律学院 College of Arts and Law）中，有超过 600 名学生和 7 名专职任课老师，与英国遗产协会 (English Heritage)、英国遗产彩票基金会 (Heritage Lottery Fund)、英国遗产联盟 (Heritage Alliance)、国家遗产纪念基金会 (National Heritage Memorial Fund) 等文化协会组织、慈善教育组织及各类基金会有着长期的友好合作伙伴关系。

　　从背景上看，铁桥峡谷地区在 19 世纪 50 年代开始推进教育组织的建立与发展，并最终由达尔比家族的煤溪谷公司在 1853 年设立了"煤溪谷文艺与科技中心" (Coalbrookdale Literary and Scientific Institution)，其所在大楼于 1859 年建成，目前已被英国认定为二级保护建筑。该中心在当时便已与艺术学院建立了联系，尽管在 1928 年被什罗普郡市政厅购买，然而其发展理念与管理经验等是 IIICH 的主要起源之一。随后，为庆祝铁桥建立两百周年，1980 年 IGMT 与伯明翰大学联合成立了工业考古中心 (Institute of Industrial Archaeology)，成为当今 IIICH 在形式上的前身，其最初位于煤溪谷地区并毗邻工业遗产"熔炉"（如图 6.5 所示）。目前，IIICH 已搬至伯明翰大学 G3 大楼处，毗邻著名的欧洲文化研究中心 (European Research Institute)。

图 6.5　曾位于煤溪谷地区的 IIICH

IIICH 不仅为铁桥峡谷的工业遗产保护与适应性再利用提供了批判性的研究视角，同时通过世界各地文化遗产相关专业人才的培养，真正实现了以"铁桥精神"为代表的工业精神的发扬，在其努力下铁桥峡谷的知名度得到了进一步的提升，同时凭借英国顶尖学府、世界百强名校、英国首所"红砖大学"——伯明翰大学的知名度，能够每年吸纳全球优秀的青年学生前来就读。除此之外，其通过伯明翰大学与 IGMT 这两个优质平台，每年举办不同形式的讲座、讨论会及学术大会，邀请英国及全球各地文化研究领域最负盛名的学者及重要组织协会的负责人进行演讲（如图 6.6 所示）。

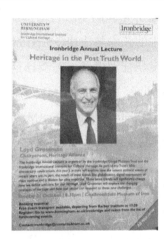

图 6.6　IIICH 举办的 2017 年年度演讲，主讲人为英国遗产联盟主席劳埃德·格罗斯曼 (Dr. Loyd Grossman)

第三节　铁桥峡谷工业遗产对地区复兴的推动

依据史实和实践，工业化进程在其初步发展、实现标准化规模化、渐成体系、成熟勃兴等各个阶段，均能够在一定程度上对地区和社会的发展产生推动作用。以英国为例，其工业化进程在兴盛时期就已为社区作出了较大的贡献。例如源于各大工业类型企业和工厂的工业赞助 (industrial patronage) 在当时就是英国社区众多建筑的主要资金来源之一，1837 年铁桥峡谷地区的梅德利木材公司 (Madeley Wood Company) 就为本地的圣卢克教堂 (St.Luke church) 赞助了 1000 英镑。

随着人们对工业文化有了新的认识，同时随着文化遗产的内涵和外延的延展，萧条衰退所产生的工业遗产也逐步受到了人们的重视，其价值也逐步得到了认可与利用。铁桥峡谷中富含各类价值较高的工业遗产，在后工业经济的时代变迁中，逐步被纳入了地方复兴策略，同时也在实践上推动了地区经济、文化等方面的复兴。以下将从铁桥峡谷中十座工业遗产博物馆与地区经济复苏、核心工业遗产景观与地区文化构建这两个方面进行阐释。

一、十座工业遗产博物馆促进地区经济的复苏

作为将"工业化过去"(industrial past) 进行遗产商品化 (heritage commodification) 的最佳案例之一，铁桥峡谷无疑在经济上取得了较好的成绩。随着 20 世纪 50 年代以来工业考古在铁桥峡谷地区的兴起与发展，围绕该区废弃工厂、车间、设备及各类作坊等工业遗产的保护与利用逐渐在 20 世纪 60 年代得以兴起，最具有代表性的案例即是 IGMT 主导规划改造而成的十座工业遗产主题博物馆，成为经济收益的最大贡献者之一，发挥了区域复兴的重要引擎作用。为庆祝达尔比家族于 1709 年开启英国工业革命的革命性工业技术创新——用焦炭炼铁 250 周年，第一座博物馆——煤溪谷博物馆于 1959 年得以建立（如图 6.7 所示）；20 年后，为庆祝铁桥建成 200 周年，英国查尔斯王子出席见证了铁博物馆的建立，此后 IGMT 主导陆续建立了共十座工业遗产主题博物馆，分别为：布里茨山维多利亚镇 (Blists Hill Victorian Town)、布洛塞利管制品博物馆 (Broseley Pipeworks)、煤溪谷铁博物馆 (Coalbrookdale Museum of Iron)、柯尔波特瓷器博物馆 (Coalport China Museum)、焦油隧道 (Tar Tunnel)、达尔比故居 (Darby Houses)、引擎动力馆 (Enginuity)、铁桥及收费站博物馆 (Iron Bridge and Tollhouse)、杰克菲尔德瓷砖博物馆 (Jackfield Tile Museum)、峡谷博物馆 (Museum of the Gorge)。根据 IGMT 的官方数据，这十座博物馆每年接受了超过 55 万人次的游客[①]，显著地推动了区域的经济复苏。

---

① 数据引用自 IGMT 官网：https://www.ironbridge.org.uk/our-story/［查询日期：2024-07-10］。

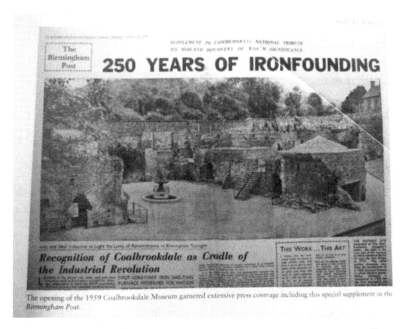

图 6.7 《伯明翰邮报》对第一座博物馆——煤溪谷博物馆的报道 ①

　　正如前文所言，不同于世界大多数博物馆仰赖政府的财政拨款，这十座博物馆笃行市场化运作模式，除了通过门票、空间场所租赁、增值服务、出版物、文化周边等方式筹措资金之外，IGMT 还积极拓宽了收入渠道：比如售卖现场制作的工业生产时期的工艺产品、举办复古工业风的婚庆及各类招待会活动、充当相关影视的取景地等。值得一提的是，IGMT 在博物馆商业化运作模式上还进行了行之有效的革命性创新，例如"年票"制度的首创（如图 6.8 所示），这些不仅增加了其经济收益，同时也为世界博物馆的可持续发展与管理积累了宝贵的经验。

---

① 本图引用自 Muter, W. G.: *The buildings of an industrial community: Coalbrookdale and ironbridge*, London: Phillimore in association with Ironbridge Gorge Museum, 1979, p.15.

图 6.8　铁桥峡谷首创的"年票"(passport) 制度 [1]

　　依据 IGMT 工作人员的介绍，由于英国的海洋性气候等原因，铁桥峡谷在每年的 4 月初到 10 月末为旅游旺季。尤其是在铁桥峡谷于 1986 年由 UNESCO 评为世界遗产之后，欧洲、美洲、亚洲等地的学者、游客、政治家等各类人群纷纷到访，与铁桥及工业遗产相关的各类会议也每年定期举办。这不仅给 IGMT 运营的各博物馆带来了直接的经济收入，同时也显著拉动了周边餐饮、住宿、交通、服务等各关联产业的迅猛发展，每年以铁桥为核心的工业文化遗产所产生的经济收益超过了 2000 万英镑，使得原本在地理位置上并不占据明显优势的泰尔福特小镇（离伯明翰主城区超过 50 千米）再次获得了繁荣与发展。由此，通过将废弃的旧时工业遗产转变为工业文化主题博物馆，原本萧条、衰落的铁桥峡谷地区实现了复兴，铁桥所蕴含的工业精神在后工业时代实现了经济价值与社会价值，同时还带动了区域诸多关联产业的发展。

---

[1]　本图引用自 IGMT 官网：https://www.ironbridge.org.uk/explore/coalbrookdale-museum-of-iron/［查询日期：2024-07-10］。

二、核心工业遗产景观推动地区文化的构建

除了前文所提及的人们对工业文化的认识发生了改变，同时也随着人们的审美观念开始逐渐将工业遗留物纳入美学鉴赏对象，人们开始将地区的核心工业遗产与周边自然景观同时视作改造对象并使双方融为一体，由此所打造的核心工业遗产景观不仅延续了地区的集体记忆、实现了文化特色的传承，同时还成为地区文化构建的重要内容之一。对于铁桥峡谷地区而言，除了依托世界遗产铁桥及塞文河谷之外，其核心文化的构建还包含了其他内容，经本书调研主要有三个层级（如图 6.9 所示）。

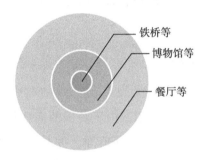

铁桥等

博物馆等

餐厅等

图 6.9　铁桥峡谷地区的三级文化构建图

以铁桥为代表的铁质桥梁属于核心层级，支撑并丰富了铁桥峡谷地区的核心文化标志——工业革命发源地，也强化了其世界遗产的地位。依据史实，铁桥的成功不仅使得达尔文家族及煤溪谷公司声名大噪，同时还带动塞文河上陆续出现了其他铸铁制作的桥梁（如艾伯特爱德华桥 Albert Edward bridge、科尔波特桥 Coalport 等），煤炭通过这些新建的铁质桥梁被运至铁桥发电站（Ironbridge power station)（如图 6.10 所示），因此这一系列的铁桥及其关联工业遗留物形象、生动地描绘了工业革命在铁桥峡谷地区的兴起与发展，超越时间，不断地使工业技术革新精神实现代际传递。以 IGMT 运营十座工业遗产主题博物馆为代表的各类地区工业遗产"适应性再利用"实例属于中间层级，通过后维多利亚时代生活风貌的全景式呈现及各类生活细节的逼真还原，以及各类工业构件和档案的集中展现，成功地向公众宣扬了铁桥

峡谷地区辉煌的工业化过去 (industrial past)。以前文提及的"熔炉"（如图 6.2 所示）为例，正是通过博物馆的保护与对世界各地游客的展示，实现了达尔比工业创新精神在经济全球化语境中的传播，也强化了铁桥峡谷地区最不应被忘记的工业记忆：通过技术革新使炼铁业不再依赖木材，从而降低成本，启动工业革命，由此"铁桥精神"也就成为铁桥峡谷地区最宝贵的文化遗产；分布在铁桥峡谷地区主要街道及中心区域的各类工业遗产主题餐厅、咖啡厅、甜品店等构成了最外层，通过将部分遗留的工业遗产改造为公众消费空间，实现了工业文化物化的点缀与工业文化创意产品的流通，促进了地区文化特色的统一与整体的协调。

图 6.10　塞文河畔毗邻铁桥的东什罗普郡最重要地标之一——铁桥发电站冷却塔

　　由此，通过三个层级的联动发展，铁桥峡谷地区的文化特色在其核心工业遗产文化景观中得到了强化与传承。值得一提的是，学生群体成为铁桥峡谷地区游客的主要群体之一（占每年旅游总人数的 1/10 左右），通过近距离接触 18 世纪末期如火如荼的工业化进程及其遗留物，地区工业遗产的教育价值得到了发挥与印证，令英国引以为傲的近代工业革命之魂也实现了跨语境传播。一言以蔽之，铁桥峡谷地区通过核心工业遗产景观完成了地区的文化构建，呈现了一套英国18世纪末19世纪初以炼铁业为核心的工业生活、社会生活、家庭生活及社区生活。

第四节　铁桥峡谷地区复兴对工业遗产的反哺

英国的实践已充分表明，工业遗产成为如铁桥峡谷地区在内的各类衰退工业区推进复兴的主要依托对象和重要介质，其为实现区域复兴尤其是促进可持续性发展作出了巨大贡献。反过来，铁桥峡谷地区等各去工业化地区在复兴过程中也对工业遗产产生了许多益处，而且这些正向的影响通常具有一定的前瞻性及较强的可持续性。另一方面，由于地区与城市的主要形象一般围绕着工业而循环出现，同时在生产作业时期，工业场所不仅是生产中心，也是信息交流和文化交流的中心，因此针对衰退工业城市及地区的复兴能够促进工业文化的传承与发展。Halewood,C. & Hannam,K. (2001: 565) 指出工业遗产被称作"怀旧景观" (landscapes of nostalgia)[1]，铁桥峡谷地区在积极寻求经济、文化、社会等方面的复兴过程中，较为成功地保有并构建了此类依托怀旧景观而滋养的怀旧情怀，同时经调研，铁桥峡谷地区复兴对工业遗产的益处主要体现在对地区工业社区福祉的提高和对地区工业文脉的延续这两个方面。

一、地区复兴提升工业社区的福祉

依托工业化发展起来的城市及地区在衰退后面临诸多严峻的经济、文化和社会问题，其中工业社区的福祉问题显得尤为突出。曾经见证、参与并对地区工业化发展作出突出重要贡献的社区与群体遭遇了可怕的境遇，而这也

---

[1]　Halewood, C. & Hannam, K.: *Viking heritage tourism: Authenticity and commodification*, Annals of Tourism Research, vol.28, no. 3, 2001.

成为英国推进城市复兴中的首要问题。

在英国遗产语境中，工业遗留物赋予了地区生命力及社区感 (a sense of community)，不仅是社区文化特色的关键性物化佐证，同时也承载了社区的历史、荣耀与尊严感，因此成为地区复兴的主要对象与重要支撑物，而相关地区在复兴后也较为明显地提高并改善了工业社区的福祉与境况，这一点在铁桥峡谷地区得到了较为充分的佐证。

通过实地调研，铁桥峡谷地区的工业社区中各类建筑种类丰富，主要可以分为五个类别：（1）教堂：小礼拜堂，会堂，大教堂等；（2）公共建筑：休闲广场、车站等；（3）教育性建筑：图书馆、工作坊等；（4）商业性建筑：市场、店铺、酒馆、客栈、酒店等；（5）各类农用建筑等。在铁桥峡谷积极推进复兴的过程中，这些工业社区中的各类建筑均被政府及授权后的非政府组织、基金等纳入了更新计划 (regeneration scheme)，从外在物质条件上便得到了不同程度的修缮与翻新 (reinnovation)（如图 6.11 所示），同时也匹配了适宜的管理与维护机制，以实现其可持续性发展。

图 6.11　毗邻铁桥主干道上的各类社区建筑已被翻新

除了直接改善社区的居住环境和生活条件之外，考虑到铁桥峡谷地区复兴运动最先由民众发起，IGMT 在 20 世纪中后期便开始强调发挥社区对区域复兴的参与性，并重视社区及本地人的重要作用。以铁桥峡谷博物馆在 20 世纪 70 年代发布的邀请海报为例（如图 6.12 所示），它提高了社区及本地人对博物馆的参与度（包括工业考古层面、工业主题活动层面、社交层面），由此也增强了社区民众的尊严感、归属感及认同感。

图 6.12 IGMT 所属的铁桥峡谷博物馆于 20 世纪 70 年代发布的邀请社区参与的海报 [①]

与此同时，经济收入和就业岗位的增加无疑是铁桥峡谷地区复兴后对工业社区福祉最为直接与显著的提高。随着复兴区域可及性的显著增强及地区知名度在 UNESCO 推动下的大幅度提高，每年世界各地游客的到访直接推动了地区餐饮业、酒店业、交通业等关联产业的发展，较为显著地促进了社区经济的复苏，并通过新增就业岗位的提供解决了地区贫困问题，强化了社区的认同感及自豪感。经 IGMT 工作人员的介绍，复兴后的工业社区通过铁

---

① 本图资料源自铁桥峡谷博物馆 (Museum of Gorge)。

桥峡谷及关联博物馆、旅游业的发展，每年可获取超过 2000 万英镑的经济收益。由此，通过以上三个方面，工业社区的福祉在地区复兴中得到了显著提高。

二、地区复兴传承地区的工业文脉

城市与地区的文化肌理与文化脉络是其最珍贵的财富与富有特色的重要组成部分之一。Fleming, D. (1997: 28) 指出：城市的生活质量是由文化活动决定的 ①，通过城市相关组织对文化活动的设计及民众对文化活动的参与，城市的文化特色和文化风貌得以继承和呈现，由此城市及地区的文脉得以实现传承与延续。对于铁桥峡谷地区而言，由炼铁技术革新催生工业革命而誉满全球无疑是该地区最显著的文脉所在，其包含勇于创新的"铁桥精神"、工业革命引发的社会文化变迁及由铁制品推动的审美变化等文化内涵，而这些也成为地区复兴的核心理念与重要目标。据本书作者实地调研，铁桥峡谷在复兴过程中主要从三个方面促进了地区工业文脉的保护与传承。

第一个方面聚焦于物质层面的保护与利用。随着以达尔比家族为首所引领的铸铁炼制技术的愈渐纯熟，铁制品在 18 世纪末开始广泛运用到铁桥峡谷地区及英国其他地区民众的日常生活中，如餐具、厨具、楼梯、门、把手、门框、门廊、烟囱、角楼顶部等，与此同时，铁也越来越多地出现在街头景象中，包括街区公共设施（如水管道、道路界限板、饮水喷泉等）、下水道设施、花园等。在推进地区复兴的过程中，铁桥峡谷很好地保留了这些"落后"的铁器，使得来往的行人能够在视觉上感受到彼时炼铁技术革新后给普通大众生活方式和审美情趣带来的改变。同时，还较好地保留了以"红砖"为主要特征的建筑特点，游客行走其中仿佛回到了 19 世纪末期维多利亚式的生活场景（如图 6.13 所示）。

---

① Fleming, D: *Regeneration game. Museum Journal*, vol.97, no. 4, 1997.

图 6.13 铁桥峡谷地区较好地保存了铁制品及红砖在建筑中的应用

第二个方面则主要关注于将铁桥峡谷抽象为一种文化符号，使其融入艺术创作及人们的生活，从而广泛地宣扬其蕴含的工业精神与工业文化（如图6.14、6.15 所示）。在 IGMT 成功的商业化运作下，"铁"文化在铁桥峡谷地区几乎随处可见，较好地宣扬了工业生产作业时期的特征与场景。

图 6.14 主要以铁制成的世界名画《最后的晚餐》

图 6.15　以铁桥峡谷为主题的马克杯

　　第三个方面则重点强调了对工业文化在现代语境中的教育与传播。以 IGMT 下辖的博物馆为例，不同于传统博物馆通常将珍贵的展品与游客隔绝开来的做法，IGMT 所属博物馆的大多数展品（比如产品、机器、设备、工业构件、砖体等）均能够直接被到访者触摸，并通过工业模型的展示及工业流程的演绎，让游客不仅能够学习到相对陌生的工业生产知识，同时还能够与博物馆展品进行互动与交流。由此，游客体验得到了加强，基础的工业文化知识也得到了阐释与传播。除此之外，IGMT 还拥有考古专家、学者、一线考古工作者等组成"工业考古"专业团队，该团队通过调研、收集、保护、整理、挖掘及展示铁桥峡谷地区自 17 世纪末期伊始所遗留的具有一定价值的工业遗留物及相关物品，既使博物馆自身内容不断扩大，同时又更加优化了工业文化的教育功能。

第五节　本章小结

　　本章通过笔者对英国首个世界遗产——铁桥峡谷地区长期的实地调研与对相关人员的走访，较为详细地探究了该地区工业遗产与地区复兴的关系，第一节从四个方面论述了铁桥峡谷自身辉煌的过去以及后期的衰退与萧条，借助史实、文献、图片、数据等第一手资料以突出"塞文河""达尔比家族""铁桥"及"铁桥峡谷"等关键性研究对象，较为简明、扼要地探究了铁桥峡谷地区工业革命的兴起、工业化进程的勃兴、去工业化阶段时期的衰退等关键性发展阶段。以此为基础，第二节从繁杂的资料中抽离出了三个铁桥峡谷复兴进程的关键性主要利益相关者：社区与志愿者、铁桥峡谷博物馆信托基金、国际铁桥文化遗产研究院，结合相关理论、案例、数据等资料分别论述了该三方利益相关者铁桥峡谷地区工业遗产与区域复兴互益过程中所起到的巨大作用。第三节则正向分析了铁桥峡谷地区的工业遗产对其地区复兴所起到的积极作用，主要通过数据、案例、图片等佐证了 IGMT 下辖十座工业遗产博物馆较为显著地推动了地区经济的复苏，同时还提出依托核心工业遗产景观所组成的铁桥等→博物馆等→餐厅等这三级体系完成了地区文化的构建。第四节则反向论述了铁桥峡谷地区的复兴对工业遗产所产生的各个方面的益处，提出主要通过推动社区居住环境和生活条件的改善、提高社区对地区复兴的参与度从而增强社区居民的认同感与自豪感、增加经济收入并提供就业岗位这三个方面的积极影响，工业社区的福祉得到了较大程度的提高；另一方面，通过强调物质层面的保护与利用，将铁桥峡谷抽象为一种文化符号以融入艺术创作及民众的生活，突出工业文化在现代语境中的教育与传播这三个方面的实践，地区工业文脉得到了传承与发扬。由此，通过本章具体案例的研究，不仅论证了第三章、第四章的理论探讨与主要结论，同时也使得英国工业遗产与城市复兴之间的互益效应变得更加具体和生动，为第六章分析中国工业遗产与城市复兴的互益效应奠定了较好的实证基础。

第六章

英国工业遗产与城市复兴互益效应
对中国的启示及评价

    与英国相比，我国对于工业遗产的重视起步较晚，工业遗产与城市复兴互益效应的发挥比较有限。按照我国传统意义上对文化的理解与认知，通常一些古代建筑（如王公贵族的府邸、民间生活居住使用的建筑等）更容易被接纳和认可为具有一定价值的文化遗产，因此工业遗产所代表的工业文化目前在我国尚不属于主流文化。同时，由于我国客观存在着区域发展不平衡的特点，目前尚存在相当一部分城市仍处于推进工业化的阶段，因此也很难将工厂、设备、构件等当作文化遗产来看待。然而需要指出的是，我国现阶段已有部分城市进入了去工业化甚至后工业化的发展阶段，工业化进程开启较早且发展成熟度较高的一些城市（如我国东北的一些老工业基地与城市），与20世纪中后期的英国一样面临着工业衰退后的种种社会问题（如之前章节论述过的环境恶化、经济萧条、社会隔阂增加、劳动力外流等），因此同样需要积极依托工业遗产以推进城市复兴。另外，我国近现代工业化进程本身便具有很高的研究价值，作为我国发展过程中特殊历史时期的产物，近现代的工业化进程及其所遗留下来的工业遗产不仅饱含了中国文化特色，同时还代表了在那段动荡不堪的历史时期我国寻求富强与尊严的艰苦与拼搏。从洋务运动的兴起到民族工商业的萌发、从官僚资本主义工业的发展到公私合营的成型，包括随后的三线建设、改革开放等，我国整个的工业化、城市化与社会现代化历程未逾百年，却为我国今天的稳定富强、繁荣发展、世界地位和人民生活水平的大幅度提高等做出了突出的贡献，由此，深度参与并见证了我国工业化发展进程的工业遗产理应受到重视与认可。

Hospers (2002: 3) 的论述表明了针对城市中工业遗产的保护与利用起源于英国，后在德、法、美、日等国蓬勃发展[1]，但其发展之路并非一帆风顺。以英国为例，由于意识形态、政党斗争、工人运动及体制等多重因素的博弈，英国在其工业城市（如伯明翰等）出现逆工业化趋势后并未立即将遗留的工业景观视作文化遗产，而依托其推动城市复兴更是几十年后才逐步兴起，这在很大程度上对工业遗产造成了不可逆的破坏。而这种曲折经历在德国也同样出现过，因此我国须从中吸取教训，在后工业化的初期即重视工业遗产的保护与利用。基于此，我国正应加强针对工业遗产与区域复兴互益效应的研究与实践。

第一节　我国工业遗产与城市发展的进程与现状

在经济全球化背景下，随着竞争的激烈与复杂化、传统工业的衰退、产业结构的调整，我国越来越多的城市进入转型期，由此遗留了大量具有城市工业文化特色与历史象征的工业遗产。然而在现实中，越来越多的本应被当作城市稀缺文化资源的宝贵的工业遗产遭到了废弃、破坏甚至消除，这一点与英国部分工业城市最初步入衰落期时的做法十分类似，同时也相应造成了困扰我国工业遗产与城市发展的两大方面的现状。

一、学术研究起步较晚

我国在国家层面及学术研究上对于工业遗产保护与利用的重视起步相对较晚，于 21 世纪初期方才正式逐步启动，其标志性事件主要有三件：（1）2006 年 4 月 18 日在无锡举办了首届中国工业遗产保护论坛，并通过了我国首个旨在保护工业遗产的纲领性文件《无锡建议》[2]，是为国家层面关注

---

[1] Hospers, G.: *Industrial heritage tourism and regional restructuring in the European Union. European Planning Studies*, vol.10, no. 3, 2002.

[2] 《〈无锡建议〉首倡工业遗产保护》，《领导决策信息》2006 年第 18 期。

工业遗产的发端；（2）2006 年 5 月国家文物局发布了《关于加强工业遗产保护的通知》，首次从国家层面开展了针对我国工业遗产的普查与保护工作，由此中国工业遗产的保护才正式启动并逐步有了缓慢发展；（3）2006 年 10 月 17 日国际古迹遗址理事会 (ICOMOS) 在我国西安召开了第十五届国际古迹遗址大会，并在会上将当年"国际古迹遗产日"(The International Day for Monuments and Sites) 的主题确立为"工业遗产"(Industrial Heritage)，首次从国际遗产语境背景下探讨了我国工业遗产的保护与利用等问题，对于我国社会各界开始关注、接纳、思考和重视工业遗产起到了一定的推动作用，自此在社会和学界才逐步兴起对工业遗产的保护与开发研究。由此体现了我国对于工业遗产保护与利用的关注在时间上较英国等国家而言起步很晚，这是当前我国所面临的主要客观现状。

　　21 世纪以来，工业遗产在其他国家级话语平台中开始以"事件"为单元呈现出多层次的话语场，代表性事件即全国重点文物保护单位（以下简称"国保单位"）中工业遗产数量增多、类型丰富及显示度提升。截至 2025 年 4 月，国务院共公布了八批国保单位。其中，第一至三批均未涉及与工业遗产相关联的话语内容，第四、五批逐渐扩展到造船厂、大庆第一口油井等工业遗产，但所占数量及比重有限。2006 年，国家文物局印发《关于加强工业遗产保护的通知》指出"工业遗产列入各级文物保护单位的比例较低"[①]后，第六至八批国保单位中的工业遗产数量逐批增加，其中大多被纳入"近现代重要史迹及代表性建筑"这一门类。为直观反映我国对工业遗产关注角度的丰富，进一步具化其相应话语场的多样化，本书统计了第四至第八批国保单位中工业遗产数量的增减情况，并囊括工业遗产数量、工业遗产在本批国保单位所占比重等六个统计数据类别（见表 7.1）。需要特别说明的是，第四至六批中的"工业遗产数量"援引自《中国文物报》，第七、八批中的"工业遗产数量"则依据我国工业所囊括的行业类别，并严格参考《国家工业遗产名录》等其他国家级工业遗产评价体系及指标内容而统计形成。

---

① 陆琼：《国家文物局下发关于加强工业遗产保护的通知》，《中国文物报》2006-05-26, 第 001 版。

表7.1　全国重点文物保护单位名录中工业遗产数量增减情况

批次	公布时间	本批国保总数（单位：项）	单位数量增长率（%）	工业遗产数量（单位：项）	工业遗产数量增长率（%）	工业遗产在本批国保单位中所占比重（%）	增长率（%）
四	1996年11月20日	250		14		5.60	
五	2001年6月25日	518	107.20	28	100.00	5.41	−3.39
六	2006年5月25日	1080	108.50	44[①]	57.10	4.07	−24.80
七	2013年5月3日	1944	80.00	73	65.90	3.76	−7.62
八	2019年10月16日	762	−61.00	77	5.48	10.11	168.88

以表7.1为数据源，图7.1将第四至八批国保单位中的"工业遗产数量""工业遗产在本批国保单位中所占比重""增长率"这三项数据按批次从左至右进行了比较，可见工业遗产数量呈现持续性的增长趋势。同时，2006年后，尽管各批名录中的工业遗产占比增幅不大且趋稳，但其自身的增长率却呈现出较为显著的提升态势，这主要是由于各批名录中的国保单位总数出现了先增后减的情况。截至第八批国保单位，被纳入的"工业遗产"共计236项，在总共5058项国保中占比已达4.67%。随着更为多样化的国家级遗产评价体系、阐释场景及政策话语开始关注工业遗产，其话语场或许将日益精细化和专业化。

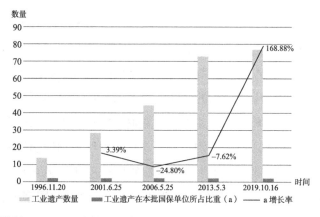

图片来源：作者绘制。

图7.1　工业遗产数量、工业遗产在本批国保单位所占比重(a)及a增长率对比

① 郑一萍：《全国重点文物保护单位中的工业遗产》，《中国文物报》2011年2月18日。

图 7.1 充分表明了 2006 年是关键转折年，工业遗产数量同比增长率与 a（工业遗产在本批名录所占比重）增长率均有了大幅度的明显提升。然而，尽管我国工业遗产单位数量在全国重点文物保护单位名录中不断增加，而且增长率呈递增趋势，随着重点文物保护单位在每个批次总数中保持 50% 左右的增加趋势，工业遗产数在文物总数中所占比重不断下降，呈现负增长趋势，体现了我国对工业遗产的保护重视程度相对严重不足，需加强认知。同时也清楚地表明一直以来我国对于工业遗产实践中的忽视并未得到有效改善。因此当务之急是增强对工业遗产重要性的认知及对其价值的认可、宣传及规范化保护、管理等。而在地方层面上，随着我国城市景观更新速率的不断加快与土地置换进程的不断演进，众多宝贵的工业遗留物（如设备、工业构件及工厂）等让步于城市经济发展与工商业关系的改变，成为 GDP 及政绩的牺牲品。

"武汉 8 成近现代工业遗产消亡　市长连叹'好可惜'"[1] 就反映了过去对工业遗产保护意识的不足，而将其作为推动城市复兴的重要作用物和关键对象而展开针对性保护与利用就更是难上加难了，也反映出部分地方政府已经意识到工业遗产保护与利用的重要性。同时应当关注到"2007 年，全国第三次文物普查工作正式启动，工业遗产作为新型遗产受到特别重视，以各省为单位，全国性的普查活动拉开序幕，数百项工业遗产列入三普名单"[2]，也表明了虽然我国起步较晚，然而已经开始逐步关注工业遗产在去工业化城市中的保护与利用问题。

二、实践案例发展有限

我国世界级工业遗产数量极少，不符合世界遗产强国定位。中国是无可辩驳的世界遗产持有量大国，截至 2019 年 1 月，在 WHC 的世界遗产名录

---

[1]　本报记者胡新桥，本报见习记者刘志月：《市长何时不再为工业遗产被拆喊冤》，《法制日报》2012-09-11，第 004 版。

[2]　资料引用自新浪新闻官网：http://finance.sina.com.cn/roll/20140606/181719339305.shtml［查询日期：2024-07-10］。

中明确表明我国因拥有经 UNESCO 认定后的 53 项世界遗产（世界文化遗产 "Cultural Heritage" 36 项、世界自然遗产 "Natural Heritage" 13 项及复合遗产 "Mixed Heritage" 4 项）而在数量上雄踞全球国家排名第二位，详见表 7.2：

表 7.2　世界遗产总数排名前十的国家

国家名称	世界遗产数量
意大利	54
中国	53
西班牙	47
法国	44
德国	44
印度	37
墨西哥	35
英国（UK）	31
俄罗斯联邦	28
美国	23

表 7.2 中十个国家的世界遗产总数为 396 项，我国的 53 项占其 13.38%。而在另一项 UNESCO 登录计划——世界非物质文化遗产 (Intangible Cultural Heritage) 名录中，截至 2017 年 1 月，我国则是世界上拥有世界非物质文化遗产数量最多的国家，共计 39 项，其中还不包括与其他国家（例如韩国等）存在争议性的世界非物质文化遗产。两项世界级数据充分体现了我国在国际文化遗产语境中的强大实力，然而截止到 2018 年 7 月，我国的世界级工业遗产数量仅为两项，仅占我国世界遗产总数的 4%。早在 1978 年波兰的维利奇卡盐矿 (Wieliczka Salt Mine) 即作为工业遗产收录进世界遗产名录，然而我国的首个工业遗产（都江堰水利工程）直到 2000 年才首次收录。这一方面体现了我国工业遗产在世界上的影响力相对较弱，另一方面也与我国的世界遗产强国地位严重不符。因此在世界遗产语境中，我国工业遗产的保护与利用依然任重而道远。相关政府部门及个人应着眼于提升我国工业遗产在国际学界的影响力及认可度，不仅进一步巩固我国的世界文化遗产强国、大国地

位，同时使本应在世界遗产语境中占有重要地位的中国工业遗产体现并发挥其应有的文化价值与文化吸引力。

而在实践中，我国已有部分城市开始关注工业遗产的保护与利用工作，通过前面章节的论述不难发现，英国针对工业遗产实现区域复兴的方法与模式越来越集中于工业遗产旅游的开发，尤其是后工业时代创意产业和创意经济成为主导性产业构成的当今，越来越多的开发手段开始强调并围绕旅游业展开。由此，为具体地论述我国保护与利用工业遗产以推进城市复兴所处的发展阶段，现以我国工业遗产旅游为主要研究对象，通过案例和数据展开进一步论述。

我国典型工业遗产旅游景点相关基本情况详见表 7.3：

表 7.3 我国典型工业遗产旅游景点基本情况

名称	核心吸引物	城市	开放时间	门票价格	相关重要名录及荣誉	核心价值	模式
岐江公园	粤中造船厂旧址	中山	2001年	免费	2002年美国景观设计师协会 (ASLA) 年度荣誉设计奖；2003年中国建筑艺术奖；2004年第十届全国美术作品展金奖；2004年中国现代优秀民族建筑综合金奖；2008年第22届世界城市滨水杰出设计"最高荣誉奖"；2009年国际城市土地学会 (Urban Land Institute，ULI) ULI 亚太区杰出荣誉大奖①	尊重普通劳动者，展现建于1957年的粤中造船厂的风貌与文化	公共休憩区域
798 艺术区 / 大山子艺术区	718联合厂	北京	2001年	免费	中国首个文化创意产业聚集区之一	北京都市文化的新地标，展现了中国的现代艺术与创意	文化创意产业园
上海自来水展示馆 / 自来水科技馆	杨树浦水厂	上海	2003年	免费	2013年杨树浦水厂入选第七批全国重点文物保护单位；厂区内英国古典城堡式建筑群是上海市近代优秀建筑文物	依托中国首个自来水厂——杨树浦水厂，通过信息技术的有效运用，展现上海城市化进程及与西方文化交流的片段	博物馆

续表

名称	核心吸引物	城市	开放时间	门票价格	相关重要名录及荣誉	核心价值	模式
中国南京云锦博物馆	素纱禅衣、绒圈锦等	南京	2004年	免费	2006年南京云锦木机妆花手工织造技艺入选中国首批非物质文化遗产名录；2009年入选UNESCO人类非物质文化遗产代表作名录；中国唯一的云锦专业博物馆（国家三级博物馆）	展现以南京云锦为代表的中国传统织锦艺术及其长达1500多年的深厚历史，展现至今无法为机器所替代的织造技艺，同时呈现其与《红楼梦》文化的关联	博物馆
马尾船政文化主题公园	福州马尾船政文化遗产群	福州	2004年	免费②	2016年福州马尾船政文化遗产群入选《全国红色旅游景点景区名录》	被誉为"中国船政文化的发祥地和近代海军的摇篮"的马尾展现了其在中国近代工业中举足轻重的地位，宣传了中国船政文化与爱国主义精神	主题公园
黄石国家矿山公园	"汉冶萍"、黄石矿冶工业遗产、矿冶大峡谷等	黄石	2007年	50元	2010年荣获"全国科普教育基地"称号；2010年被评为国家AAAA级景区；2011年获"湖北省卫生示范旅游景区"称号；2012年"黄石矿冶工业遗产"入选《中国世界文化遗产预备名单》	依托"汉冶萍"等黄石工业遗产展现中国现代钢铁事业发展的缩影与具有极高价值的工业文化，并突出黄石作为唯一的聚合五种不同类型的工业文化遗产的城市的重要地位	主题公园
中国民族工商业博物馆	茂新面粉厂等	无锡	2007年	免费	2002年茂新面粉厂入选江苏省文物保护单位；2013年入选第七批全国重点文物保护单位	作为中国民族工商业的发祥地与重要象征之一，依托民族工商业先驱荣宗敬、荣德生于1900年创办的茂新面粉厂，展现了我国近现代追求国家富强等作出的不懈努力	博物馆
汉阳824艺术区	汉阳兵工厂、824工厂等	武汉	2009年	免费	暂无	展现新中国成立初期武汉的工业文化，其中诞生于晚清的汉阳兵工厂等是洋务运动的缩影	文化创意产业园

---

① 资料引自百度百科：http://baike.baidu.com/view/354251.htm［查询日期：2024-07-10］。
② 其中的马尾造船厂遗产门票15元。

　　表 7.3 在一定程度上反映了我国工业遗产资源的丰富，但同时也体现了我国工业遗产旅游在现阶段的不足之处。首先，八座工业遗产旅游景点的开放时间均在 2000 年之后，表明了发展时日尚短，很难形成并培育足够规模的旅游市场；其次，绝大多数景点采取了传统的免费模式，表明了其市场化运作道路仍然任重道远。同时在开发模式上也需要进一步创新，可积极借鉴国外成功案例，但须秉持因地制宜的原则，不可生搬硬套。以英国伯明翰布林德利地区 (Brindleyplace) 为例，如图 7.2 所示，尽管其久负盛名，但难逃"购物商业区"之嫌。虽有 IKON 美术馆等艺术元素烘托，然而由于咖啡厅等娱乐消费场所过多，本书认为依然没有很好地契合宣扬工业文化及工业精神，本质上仍属于依托地标建筑 (Landmark) 进行传统商业街区的包装模式。而我国的部分工业遗产旅游景点所选择的开发模式与之类似，不仅降低了差异化带来的旅游吸引力，而且不利于稳定游客市场的培养与可持续发展。

图 7.2　英国伯明翰布林德利地区局部

第二节　现存的问题及原因

　　我国目前针对工业遗产保护、重视与利用的现状均不容乐观，以刘伯英 (2015: 3) 所统计的"到 2014 年年底，世界文化遗产中的工业遗产数量达到 60

项"^①为基础，截止到 2016 年年底，在联合国教科文组织 (UNESCO) 世界遗产委员会 (WHC) 所公布的世界文化遗产名录中，世界工业遗产数量已增加到 62 项（2015 年新增两项分别为挪威的尤坎—诺托登工业遗产及日本的明治工业革命遗迹，2016 年无）^②，其中我国仅有两项，分别为 2000 年 11 月入选的四川青城山都江堰水利工程及 2014 年 6 月入选的流经中国八省的大运河。但是由于文化遗产的认定规则存在一定程度上的变化性，同时其价值评估在世界语境中存在一定的不确定性，尤其是 WHC 所列名录中的工业遗产项目处于动态变化中，所以就其总数而言很难进行精确地量化，例如阙维民 (2007: 523-534) 就从不同的数据来源中梳理了世界工业项目及工业遗产的数目^③，因此该数据准确性仍有待进一步确认。然而我国工业遗产在数量上与其他国家的差距较大是不争的事实，这一方面体现了我国工业遗产意识有待增加、保护与利用工业遗产的水平需要进一步提高的客观发展条件，另一方面也反映出积极向英国等相关国家借鉴、学习工业遗产保护利用理论及开发模式等方面的重要性，以下将分析我国目前主要存在的三个方面的问题。

一、认知理念相对落后

第一，缺乏整体性意识。在国际工业遗产保护联合会 (The International Committee for the Conservation of the Industrial Heritage, TICCIH) 于 2003 年在俄罗斯通过的《下塔吉尔宪章》(*The Nizhny Tagil Charter for the Industrial Heritage*) 中明确指出："The most important sites should be fully protected and no interventions allowed that compromise their historical integrity or the authenticity of their fabric."^④ 其中的 "integrity" 以及 "authenticity" 即强调了对于整体性和真实性的看重。然而，我国部分针对工业遗产所推进的保护与利用工程在

---

① 朱文一、刘伯英编著：《中国工业建筑遗产调查、研究与保护——2014 年中国第五届工业建筑遗产学术研讨会论文集（五）》，北京：清华大学出版社，2015 年，第 3 页。

② 资料来源于 UNESCO 官网，两项遗产相关信息页面分别为：http://whc.unesco.org/en/list/1486、http://whc.unesco.org/en/list/1484 [查询日期：2024-07-10]。

③ 阙维民：《国际工业遗产的保护与管理》，《北京大学学报（自然科学版）》2007 年第 43 卷第 4 期。

④ 资料引用自 TICCIH 官网：http://ticcih.org/about/charter/ [查询日期：2024-07-10]。

规划阶段没有重视其工业建筑等元素的"整体性"保留，对于富含工业元素的工业遗产忽视了其工业建筑、工业构件及设备等特殊且价值较高的呼应关系，使得孤立、个别的工业遗存物丧失其在原有生产环节重要价值的呈现，同时较为严重地削弱了其"真实性"（如部分购物中心开发模式），由此极大地降低了其核心文化的吸引力与特色。除此之外，目前部分存在的仅对单个工业建筑或关键构件的保存无法反映出工业生产的过程性，因而也无法展现其个性化体系，由此贬损了其对地区文化、经济和社会复兴的价值。

第二，忽视了当地社区的利益。工厂可以关闭甚至拆除而让步于房地产等，然而曾经的居民及社区则几乎无法彻底离开，无论是其外在还是精神上都无法脱离曾经的工业情境与随之延伸的人生与荣誉，因此当地社区的利益是首当其冲的。然而我国部分针对工业遗产所推进的保护与利用工程在规划初期没有考虑到其与周边环境的和谐融入，忽视了如老工业城市在内的当地社区与居民的核心诉求与个性化需要，没有减轻逝去的工业遗产与普通民众的"距离感"。由此导致情感连接的"脱落"与陌生感的"增强"，对于提升当地社区生活水平、归属感及认同感、福利水平及尊严感没有发挥其应有的作用。

二、城市创意产业与工业文化结合有限

第一，工业文化内涵与其核心价值挖掘不够。过于针对工业遗产的简易商品化开发，仍停留在关注舞台场景搭建等传统开发思维模式，对真正体现我国工业文化思想精髓与文化内涵的工业遗产开发还远远不够，没有很好地挖掘其核心价值，部分甚至出现了"空壳化"（如文化创意产业园开发模式）的不利倾向。同时在保留工业元素的甄选上，过于重视对厂房等建筑及机器的简单保留，而忽视了具有同等重要价值的档案、工艺及特有作业方式等非物质工业遗产的呈现与阐释，损害了其价值的有效利用。

第二，开发模式趋同。就我国部分针对工业遗产的保护与利用所选择的开发模式而言，选择公共休憩空间的较少，而选择较多的工业遗产博物馆模

式缺乏与高新科技（如虚拟现实、数字化技术等）的有效结合，专业化水平普遍较低，较少会选择"活态博物馆"开发模式。另外，购物中心、文化创意产业园等开发模式又较为普遍，从而导致了同质化开发，不利于工业遗产文化的多元化解读与阐释，也影响城市及地区的健康可持续发展与城市新形象的培育。

三、城市优势与工业遗产开发失焦

第一，脱离了公众的参与。目前较为普遍的是，在许多我国已有的针对工业遗产在城市中开发利用模式（如公共休闲空间等）的可行性论证、路径规划、保护管理及后期维护运营等关键环节缺乏广大民众的参与，导致公众的接纳程度不高，使其群众基础薄弱，从而失去了教育价值、社会效益及审美价值等能够使得工业遗产增值及产业链延伸的关键价值元素。同时也没有基于城市的优势，与工业遗产开发的需求及成效之间存在失焦的问题。

第二，不同利益方博弈复杂。目前，从细节上看，强调工业遗产经济价值的开发一般由三个维度展开：一是单个工业文化遗留物的开发；二是筛选后工业遗产旅游景点的开发；三是工业遗产地的整体环境开发。在此过程中，由于每个环节及环节之间衔接上均有不同侧重，同时不同利益方如地方政府、开发企业、广告商、社区及高校等均出于不同角度的利益考虑进行了不同方面的博弈，在实现利益共识和核心共同目标的过程中，使资源等产生了一定的沉没成本。因此在积极寻求工业遗产拉动复苏的同时，也产生了一定的不利因素。

四、工业化进程迅猛

相较于西方而言，我国的工业化进程密度高、强度大、范围广、速度快，西方一百多年的工业革命"摧枯拉朽"般地在中国几十年就几近完成。同时，其对我国城市化推动作用显著，反过来城市化也加快了我国的工业化进程。从数据上看，在2016年由中国社会科学院工业经济研究所课题组最新发布的《工业化蓝皮书："一带一路"沿线国家工业化进程报告》中明确提到"2014 年中国的工业化综合指数为 83.69，'十二五'（2010—2014 年）时期中国的工业化年均增长速度为 4.4……预计到 2020 年中国的工业化水平综合指数也将达到 100"[①]，而在 1995 年中国的工业化综合指数还仅为 12，表明不到短短 20 年的时间我国的工业化综合指数已增长到了近七倍。因此在我国语境认知中，很难将破旧、荒芜且衰退的工厂、车间及仓库等工业遗留物与具有较高价值的文化遗产进行关联。加上出于对古代文化遗产的习惯性重视，我们也时常在遗产的历史期限认定上存在百年甚至千年以上的狭隘理解，这与"西方国家关于文化遗产的 30 年原则"[②]有很大不同。

五、农业文化的影响

从社会经济发展历史阶段及特点上看，我国属于传统的农业文明国家，在广泛的民众群体中对农业文化有着深刻的情感连接与高度的文化认同。同时出于对农业文化及其生产资料及生产方式的高度依存，因而根植于"农业"环境的大多数群体很难对"工业遗产"产生强烈的认同并产生归属感，必然导致对"工业遗产"的不甚重视，因此也很难将其作为文化遗产来保护与管理。由此，广泛的社会土壤与强有力民众基础的缺失，使得将其视作宝贵的文化遗产来认识和开发更是难上加难。

六、发展路径不同

我国工业化进程的不同自然导致我国工业遗产在形成与利用上的不同。就重要的工业遗产利用方式——发展工业遗产旅游而言，我国走了工业旅游先行的发展路径；与西方恰恰相反的是，我国的工业旅游先于工业遗产旅游，

---

① 黄群慧编著：《工业化蓝皮书："一带一路"沿线国家工业化进程报告》，北京：社会科学文献出版社，2015 年，第 12 页。
② 李蕾蕾、Dietrich Soyez：《中国工业旅游发展评析：从西方的视角看中国》，《人文地理》2003 年第 18 卷第 6 期。

且发展态势较好。工业旅游素有"朝阳产业中的朝阳产业"[①]的美誉，自 19 世纪 50 年代法国雪铁龙汽车制造公司伊始的工业旅游在国外发达国家中已有了成熟的发展体系与供需模式，而萌发于 20 世纪 90 年代的工业旅游在我国同样正经历着发展的黄金期，较好地契合了个性化旅游与深度体验旅游等较高端的旅游需求。随着大众旅游时代到来以及中国工业转型升级进程的加快，包括伊利、鞍钢、同仁、大庆等地所开展的工业旅游不同程度上较好地赢得了市场，宣扬了企业品牌。由此，不同于西方从工业遗产旅游到工业旅游的模式，我国的发展路径恰恰相反。

对于工业旅游的定义、价值、发展模式及我国工业旅游的发展历程、典型案例及其与西方的异同点等方面，已有许多学者从不同方面展开了阐释（姚宏，1999[②]；孙爱丽、朱海森，2002[③]；吴相利，2002[④]；颜亚玉，2005[⑤]），受篇幅所限这里暂不展开讨论。但需要注意的是，正是因为当下工业旅游在我国方兴未艾的现状，某种程度上迟滞了人们对城市中工业遗产开发的认可与推崇：人们习惯性更乐于到影响力广大而仍持续作业的大型品牌企业中增进见闻，但较少有旅游者会将"落后"而衰落、陈旧的工厂列入旅游目的地。然而，不容忽视的是，我国发展势头良好的工业旅游对我国工业遗产旅游的经验积累与案例借鉴都能够提供较好的示范作用，尤其是在市场定位、管理运营及产品营销等方面，会带来一定的积极因素。

第三节　中国工业遗产与城市复兴的互益潜力

尽管存在一些问题，在我国文化遗产概念不断扩大、大众审美逐步发生改变、转型发展理念逐渐有了创新、文化创意产业所占 GDP 比重不断扩大

---

① 骆高远：《我国的工业遗产及其旅游价值》，《经济地理》2008 年第 28 卷第 1 期。

② 姚宏：《发展中国工业旅游的思考》，《资源开发与市场》1999 年第 2 期。

③ 孙爱丽、朱海森：《我国工业旅游开发的现状及对策研究》，《上海师范大学学报（自然科学版）》2002 年第 31 卷第 3 期。

④ 吴相利：《英国工业旅游发展的基本特征与经验启示》，《世界地理研究》2002 年第 11 卷第 4 期。

⑤ 颜亚玉：《英国工业旅游的开发与经营管理》，《经济管理》2005 年第 19 期。

等背景下，我国工业遗产的巨大价值与重要意义开始越来越多地受到认可，针对工业遗产保护与利用的理论和实践越来越多地受到关注，同时越来越多的城市也开始寻求依托其工业遗产以推进转型与复苏。就我国而言，无论是对于几乎完全由工业的发展而带动发展起来的城市，还是工业的勃兴促进了已有城市的进一步繁荣，工业化因素与城市的融合均对地区乃至国家的发展作出了不可磨灭的贡献，因此我国工业遗产与城市复兴的互益具备巨大的潜力。

一、潜在资源丰厚，时机恰当

俞孔坚 (2006: 8) 对我国近代及现代潜在的工业遗产进行了梳理，以时间阶段为划分依据整理了我国的工业遗产[1]，表明了我国潜在的工业遗产不仅数量众多、种类丰富还具有特殊性。除此之外，由于陈旧工厂拆除费用高昂，加上土地在资源属性上的高度稀缺性，以及我国城市发展路径及策略机制在优先选择上的调整及民众审美品位的改变与提高，同时伴随着前文所述的供给侧结构性改革等行进中的经济结构调整和发展方式转变等诸多有利因素，均在不同程度上赋予了我国依托工业遗产推动城市及地区复兴的有利时机。同时不容忽视的是，我国古代手工业及技术遗存同样资源体量巨大且价值极高，尽管在西方语境中对手工业是认定为"Craft"还是"Industry"存在争议。

二、早期管理经验丰富，物质基础较好

早期大型国有工业企业的相关接待工作提供了开发工业遗产的有利条件。早期在诸多大型国有工业企业普遍存在着较为成熟的接待工作传统与管理制度，不仅为开发工业遗产积累了大量的接待服务经验，有利于工业遗产产业化的服务要素构建，同时，其早期建成的基础设施（如宾馆等）及与之相匹配的人力资源体系也为其"顺势"开发工业遗产提供了有利基础，有利于产业化运营的迅速启动。更为重要的是，这种早期已形成的相关接待传

---

① 俞孔坚、方琬丽：《中国工业遗产初探》，《建筑学报》2006年第8期。

统，除了有利于工业遗产产业价值意识在我国语境下的进一步增加和提高之外，还对广大民众在后期对工业遗产开发与利用产品的广泛接纳及认可均有一定程度上的增益作用。

三、工业遗产极具中国特色

我国新中国成立之初百废待兴，工业化进程推进比较艰难，与之相关的工业遗产就彰显了彼时中国追赶世界的拼搏精神，具有中国历史特色与文化特色。极富中国特色的工业遗产能够丰富其开发产品的解读维度；包括抗日战争时期及社会主义建设时期等在内的许多中国工业遗产稀缺性较高、具有显著的独占性；特定历史时期为其打造的深刻而强烈的中国特色，以及特有的文脉构成、发生情境、文化范式及城市肌理均能够极大地丰富我国工业遗产的解读维度。而这种强烈的唯一性不仅在爱国情怀培养上具有无可替代的巨大作用，同时也为其赢得市场赋予了一定的竞争力，发展潜力较好。

四、老工业城区需求旺盛

老工业城区对依托工业遗产以实现区域经济、文化及社会复苏的需求旺盛。随着经济全球化背景下科学技术革命的猛烈冲击，以及当今中国城市产业结构的调整、社会普遍生活方式的改变，包括中国东北老工业基地等在内的老工业城区正经历着或即将经历工业化后期甚至衰退的萎靡时期，昔日"共和国长子"的荣耀与辉煌似乎已为人们所忘却。为此，国家及地方政府从多个层面采取了包括政策扶持等在内的一系列措施，以助力其寻求转型之路与再生之法，而针对衰退后所遗留的大量工业遗产进行开发与利用的理念日益受到推崇：其绿色环保、管理成本低、市场定位精准及区域性受众基础好等优势能够将原本是财政负担的停产工厂、构件、货栈及码头等工业元素"变废为宝"，在产生经济效益的同时，还具有增强社会凝聚力与爱国情怀、满足工人群体的怀旧情感等社会效益。因此老工业城区对保护与利用工业遗产的较高需求也赋予了其较大潜力。

五、工业化的特殊性赋予的优势

我国工业化的特殊性赋予了西方开发工业遗产所不具备的优势，尽管从世界工业遗产旅游发展脉络上看，后工业化及逆工业化是其实现有效发展的必备的重要条件。然而较之西方而言，得益于我国相对较为特殊的工业化进程及与之同步的城市化进程（例如速度比较快、密度比较高、并未发生如德国鲁尔区等地的普遍性衰落等具体表现），加上我国还未广泛性出现世界逆工业城市中严重影响社会稳定的诸多弊端，如人口及税收剧烈下降、工业区域污染严重导致的形象恶化及标识度陡然降低等，因此我国的工业遗产旅游具备在尚未逆工业化情境下发展（即与工业化后期同步进行）的可能性，是可以利用的突出优势之一。

第四节 中国工业遗产与城市互益效应的价值分析

从归属上看，工业遗产通常属接续产业之一（尤其是接续集体记忆），其作用与价值体现在了不同的方面。就此，我国相关学者已取得了一定的研究成果，并从不同的侧重点进行了阐释，其中部分还具有趋同性：例如马潇等 (2009: 14)[1]、李纲 (2012: 128)[2]、徐柯健 (2013: 16)[3]、徐子琳和汪峰 (2013: 50)[4]指出其有助于延续地域及国家文脉；刘伯英 (2016: 4)[5]则强调了其作为关键性文化标志，在充当国家及地区经济转型证据等方面发挥了重要作用；吴相利

---

[1] 马潇、孔媛媛、张艳春等：《我国资源型城市工业遗产旅游开发模式研究》，《资源与产业》2009年第 11 卷第 5 期。

[2] 李纲：《中国民族工业遗产旅游资源价值评价及开发策略——以山东省枣庄市中兴煤矿公司为例》，《江苏商论》2012 年第 4 期。

[3] 徐柯健、Horst Brezinski：《从工业废弃地到旅游目的地：工业遗产的保护和再利用》，《旅游学刊》2013 年第 28 卷第 8 期。

[4] 徐子琳、汪峰：《城市工业遗产的旅游价值研究》，《洛阳理工学院学报（社会科学版）》2013 年第 28 卷第 1 期。

[5] 刘伯英：《再接再厉：谱写中国工业遗产新篇章》，《南方建筑》2016 年第 2 期。

(2002: 75)[1]、张金山 (2006: 1)[2]、杨宏伟 (2006: 72)[3]、邢怀滨等 (2007: 16)[4] 认为其有助于推动城市经济的发展及产业结构的调整等。这些都体现了工艺遗产自身所具备的功能与价值，以下将结合我国城市发展的客观情况论述我国工业遗产与城市互益具有的价值。

一、组成中国文化的重要环节

无论是历史同期处于世界领先地位的我国古代手工业技术遗产、近代民族工业遗产，还是新中国在社会主义初步建设时期的工业遗产及现代工业无可否认地组成了我国文化史的重要环节，赋予了中华文明在特定历史时期新的内涵与解读，对于国家文脉与集体记忆的传承具有不可替代的重要价值，是中国文化史的重要组成部分。另一方面，我国的工业化发展道路经历了从无到有的艰辛奋斗历程，其中每一个环节都凝结着国家资本的投入、管理与运作，深刻的国有化烙印以及政治体制、意志的继承与物化体现赋予了我国大多数工业遗产的国有固定资产的属性。因此我国工业遗产与城市复兴的互益，能够凸显每个特定历史时期国家意志的传承以及时代特色，例如对社会主义初步建设时期的工人阶级顽强拼搏的精神（如铁人精神、"劳动最光荣"精神等）和"以厂为家"奉献精神的彰显等。

二、构成中国城市肌理的重要物证及人文遗存

"教育家莫根 (Patrick J. Morgan) 认为，'任何城市的振兴，应当建立在其工业和民族遗产的基础之上，这是城市的精神根基，是拯救城市经济的关键'"[5]，因此工业遗产是城市肌理及其发展脉络的重要物证。在我国，工业

① 吴相利：《英国工业旅游发展的基本特征与经验启示》，《世界地理研究》2002 年第 11 卷第 4 期。
② 张金山：《国外工业遗产旅游的经验借鉴》，《中国旅游报》2006-05-29，第 007 版。
③ 杨宏伟：《我国老工业基地工业旅游现状、问题与发展方向》，《经济问题》2006 年第 1 期。
④ 邢怀滨、冉鸿燕、张德军：《工业遗产的价值与保护初探》，《东北大学学报（社会科学版）》2007 年第 9 卷第 1 期。
⑤ 吕建昌：《从铁桥峡、洛厄尔到埃森：英美德三国露天工业遗址博物馆的经验》，《中国博物馆》2012 年第 3 期。

在对城市格局的改变及地方社会结构的影响等方面均发挥了深刻而巨大的作用，是工业化城市化进程中不可复制的人文遗存，具有较高的稀缺性。更为重要的是，在新中国快速推进社会主义建设的特定历史阶段，彼时的工厂、车间甚至构件等均成为标注本地城市变化及城市经济繁荣的物化证据，能够集中反映我国城市更新过程中对于发展路径的选择演变及综合效益的挖掘机制，成为深层次社会发展变化不可多得的具体表现与"活化"人文遗存。除此之外，工业遗产所具备的经济、社会、文化等价值在我国的挖掘与开发还能够展现我国特有的"厂区大院文化"，进一步呈现彼时我国大型国有工业企业所独有的人文景观。

三、形成针对中国不同群体在不同方面的重要价值

对于我国工人阶级而言，他们作为一个特殊群体，在我国社会主义建设不同发展阶段均发挥了不容忽视的重要作用，深刻地打上了社会主义制度的烙印，并与社会主义命运、国家前途关联紧密，不应被各界遗忘。而工业遗产在城市复兴中的开发，进一步具化了对中国工人运动及工人群像的解读，较好地弥合了工人群体在失去原有工厂及生产环节的"失落感"，满足了追忆重要人生片段及"归属感"的精神需求。对于出生在城市的青年群体而言，远离生产环节与作业情境使他们几乎无法建立起与祖辈、父辈在情感上的连接。但他们以工业遗产为媒介，通过对逝去群像的接触与自我内化感知，有效地改善这种陌生感与疏离感。同时也增强其爱国情操，富有教育意义。对于现代旅游者而言，城市中依托工业遗产开发的旅游产品还能丰富其游客视野 (Tourists' Gaze) 及旅游地筛选区间，满足其个性化审美需求。对于经历或即将经历后工业化的社区而言，工业遗产开发不仅能改善当地投资环境、福利条件等，同时还能提升其尊严感与自豪感。总之，相较于当代的计算机技术等，曾经的铁路、机械及轮船水利等工业对特定时期人类生活方式、社会结构的改变程度要相对更大一些，波及范围更广，因此对于不同的社会群体从不同的解读角度切入，会产生不同的重要价值。

四、促进国计民生的改善及民族自豪感、爱国情操的培养

我国依托工业遗产所推进的区域复兴，对于国计民生的进一步改善能够发挥一定的作用。其不仅能够增进地区居民的福利水平，还能增强人们对普通劳动者所作贡献的认可与尊重。而其所依托的特殊文化资源——工业遗产虽已不具备原生功能，但它在资源属性上具有稀缺性，并毫无疑问在铭记工业历史、解读工业文化与呈现特定时期民众精神等方面具有重要作用。同时，无论是见证新中国工业化进程的巨大艰辛与成就的现代工业遗产（如大庆第一口油井等），还是当今领先世界的中国高铁建设与航天工业，均对民众的民族自豪感与凝聚力的提升具有重要价值。通过工业遗产介质对我国困难时期工业化进程推进之艰辛的呈现，还能增强民众的爱国情操，极富教育意义。因此针对工业遗产的保护与利用在实现经济价值的同时，还能凸显历史价值、审美价值，并增加形象价值及提高社会效益。

五、实现对中国城市开展工业遗产旅游的多方价值

除此之外，针对工业遗产展开保护与利用还有其独有的产业化价值。以发展工业遗产旅游为例，其重要价值还体现在：其突出的"怀旧情怀"(nostalgia)[1]能够对不同目标社会群体（例如工人阶级等）及他们难忘的人生从多维度展开阐释，由此通过情感连接的建立来增进其文化认同与归属感等。结合前面章节的论述可以看出工业遗产的开发与利用目前已聚焦为工业遗产旅游的开发且取得了很大成功，我国目前虽然仍处于起步阶段，然而国家层面已然开始重视利用工业遗产旅游推进相关城市经济、文化、社会的复苏。国务院于2016年12月7日印发的《"十三五"旅游业发展规划》中明确提及"支持老工业城市和资源型城市通过发展工业遗产旅游助力城市转型发展"[2]，与此同时各地方政府如《湖北省旅游业发展"十三五"规划纲要》

---

[1] Dann, G.M.S: *"There's no business like old business": Tourism, the nostalgia industry of the future*, In W.F. Theobald (eds), Global Tourism, Oxford: Butterworth Heinemann, 1998.

[2] 《"十三五"旅游业发展规划》,《中国旅游报》2016-12-27, 第002版。

及《武汉市旅游业发展"十三五"规划》中均从不同程度上提及了发展工业遗产旅游或工业旅游,体现出从国家到地方各级政府对其的重视。除此之外,2017 年 12 月 22 日我国工业和信息化部发布了《第一批国家工业遗产名单》,2018 年 1 月 27 日我国科学技术协会等发布了《中国工业遗产保护名录(第一批)》等,充分体现了国家层面对工业遗产保护与利用工作的重视,而我国工业遗产与城市互益在开展工业遗产旅游上同样具有较高的价值。

第一,契合了"大旅游""全域旅游"等我国现代旅游业背景。在当下"大旅游""全域旅游"等我国现代旅游业发展背景下,发展工业遗产旅游同样能够发挥重要作用。其不仅能很好地满足旅游者对于深度体验、学习与互动等个性化旅游需要,并契合我国中高端旅游市场不断扩大的客观趋势。同时能够在较大程度上提升我国现代旅游业与地方传统第一产业、第二产业的关联度(并对当地第一产业及第二产业的发展提供指导建议),从而在带动传统产业升级的同时更好地发挥其乘数效应,优化经济结构与发展路径。更为重要的是,工业遗产旅游突出的"变废为宝"的显性功能不仅能够"雪中送炭"地解决衰落或衰退中老工业地区原始劳动力的生存及就业等问题,同时能够重塑、提升区域影响,改善环境污染与提升城市形象,并提高社会福利水平。

第二,丰富了我国现代旅游业理论。对于我国现代旅游业理论体系而言,发展工业遗产旅游能够进一步拓展我们对旅游资源的认知,并进一步深化对旅游规划的理解,丰富其层次及旅游产品形态。除此之外,还能充实区域旅游形象的构建,进一步扩大我国文化旅游理论认知上的子集,并对于传统旅游城市及潜在旅游城市旅游资源禀赋的厘清同样具有一定价值。同时,其能够对现代旅游业"前瞻效应"及"回顾效应"的有效发挥及旅游业社会功能的深化起到一定的增益作用。

第三,高铁催生出的"快旅慢游"时代,对利用工业遗产实现地区复兴能够产生促进作用。频破世界纪录,有"中国经济发展奇迹"美誉的我国高铁建设已处于世界领先水平,是由"中国制造"向"中国创造"转变的重要佐证之一。而由高铁发展所逐步塑造而成的"快旅慢游"时代对我国相关地区的工业遗产旅游能够起到促进作用。具体地说,其对于我国现代旅游业交通格局、产业升级和实现大发展同样助益深远。不仅为旅游者告别"走马观花"的传统式旅游体验提供了现实条件,同时其催生的沿线城市"快旅慢游"时代(例如"一站直达""省城之间""沿线车站交错停车")也为包括工业遗产旅游在内的诸多旅游产品提供了蓬勃发展的有利条件,加上高铁运营过程中的多项服务升级,使得游客市场进一步扩大、客源地进一步增多、旅游产品服务及管理水平进一步提高、旅游接待水平进一步升级。

第五节　中国工业遗产与城市复兴互益效应的提升策略

基于前面各章节对英国、中国及其他国家相关代表性案例的分析与探究,本书提出了以下对我国可能产生的三个方面共计十一点提升策略。

一、提升认知理念水平

第一,应当多渠道、多层次增强我国的工业遗产意识。鉴于我国过去普遍存在的对于工业遗产保护及利用意识的淡漠以及对其重要价值体系认知较为不足等问题,应通过多样化渠道在不同层次增强对其的了解与接纳,这是进行开发和利用的重要前提。就国家层面来看,可以通过制定相关保护工业遗产的法律法规以强化责任意识,同时还可以出台配套相关政策对工业遗产的管理与旅游开发加大扶持力度,例如聂武钢、孟佳(2009)对于工业遗产保护的多方面法律责任进行了论述[①],而有的地方政府也提出"在全国率先进行保护工业遗产专门地方立法工作"[②],在湖北黄石及江苏无锡等地已制定地方性工业遗产保护相关规章制度等;而学术界应与相关各界一道规范我国工业遗产价值认定体系,通过科学评估制度的建立以实现对工业遗产重要性的有

---

① 聂武钢、孟佳编著:《工业遗产与法律保护》,北京:人民法院出版社,2009年。
② 记者岳冠文:《全国率先立法保护工业遗产》,《长沙晚报》2011-08-18,第 A03 版。

效推介；对于开发者而言，还应当适时考虑通过引入关联产业以凸显其"商品化"工业遗产"媒介"功能，加强其在更广的产业链及更大的社会范围内的认知程度；对于个人尤其是过去或现在参与工业作业环节的工人及相关人群而言，应积极主动寻求与消逝或正消逝工业文化的情感连接，用更加生动的方式丰富并深化工业遗产文化的演绎方式，由此提高其社会知名度。

第二，需更新三大典型错误观念。"工业遗产是在工业化的发展过程中留存的物质文化遗产和非物质文化遗产的总和。"[1]因此在最初工业遗产保护与利用对象物的筛选过程中不应仅重视工业建筑（如废弃工厂、仓库）及工业构件（如设备、工具）等物质工业遗产，还必须要对工业档案、合同商标、工艺流程、相关工业活动等非物质工业遗产给予同等重视，进行关联化保护与规划。除此之外，有少数地方认为废弃工厂、车间等是"落后"的表现，并不乐于将其对公众呈现，更不可能将其视作文化资源以进行保护和开发。因此在对本地区开展工业遗产开发可行性研讨的初期，应树立正确的价值观念，摆脱对工业遗产的狭隘认识。同时，应摒弃对"名人效应"以及"重大事件模式"的固守，重视对工人阶级群像的呈现，尊重对普通劳动者对社会进步所作出的卓越贡献的宣扬与阐释。例如前文所述的广州岐山船厂在其保护和开发过程中就突出了对当地社区及普通民众的服务功能，这一点在其"足下文化与野草之美"[2]的设计理念中得到了体现。

第三，应有效理解并利用工业遗产全生命周期理论。理解工业遗产的特殊性对其旅游产品的成功开发具有重要意义，因此需加强对其特有理论的理解与利用。Xie(2015: 142-146)将工业遗产全生命周期划分为循环着的三个阶段，分别为领土化(Territorialization)、非领土化(Derritorialization)及再领土化(Rerritorialization)[3]，较好地揭示了工业遗产发展的过程性及其相应特点，详见图7.3：

① 单霁翔：《关注新型文化遗产——工业遗产的保护》，《中国文化遗产》2006 年第 4 期。
② 王小育：《黑龙江省工业遗产旅游开发研究》，哈尔滨：东北林业大学，2011 年，第 18 页。
③ Xie, P. F.: *A life cycle model of industrial heritage development,* Annals of Tourism Research, no. 55, 2015.

图 7.3　工业遗产全生命周期循环

在我国工业遗产开发过程中需因地制宜加强对工业遗产全生命周期理论的有效理解与合理运用，例如第一阶段领土化过程中，对工业废地与工业空间的认定与保护应突出其史实性与多态性；而在第二阶段，突出发挥其对旅游开发及城市更新的显著作用，重视场所精神的营造并积极赋予新的含义，并满足"怀旧"等精神需求。除此之外还应当避免对原有工业遗产在功能、形态、构成及认知等方面的不当改变，保持其原有的工业文化精髓与核心价值；在第三阶段，重视文化创意产业在挖掘工业遗产经济价值中的巨大作用，同时还应关注、引导并合理利用当地社区及普通民众文化认同所发生的变化。

第四，应重视地方社区及志愿者的重要作用。除以上所述外，国外对于工业遗产的开发与利用（尤其在开发初期）十分重视当地社区的重要作用：当地社区不仅是工业化进程的重要见证者之一，而且其自身发展也与区域工业化进程息息相关，因而具有较好的文化认同基础与较强的责任感、使命感。同时，地方社区对于提高资金筹措水平及管理专业化水平等方面同样也具有一定的促进作用，对此不少学者皆有论述，例如：Trinder Barrie (1976: 172) 指出工业遗产在保护与呈现上所体现出来的高度专业化水平较多地归功于社区 [1]；Xie, P. F. (2006: 1322-1328) 基于针对美国国家吉普车历史博物馆的

---

① Trinder, B.: *Industrial conservation and industrial history: reflections on the Ironbridge Gorge Museum*, History Workshop Journal, no. 2, 1976.

案例研究，阐述了社区的重要作用[①]。而在另一方面，在其他国外同类型案例中，志愿者的角色也一直被反复提及，例如 Charalampia Agaliotou(2015: 296)就通过案例阐释了从事研究工作的志愿者们在现场调研过程中所起到的重要作用[②]，因此对志愿者的重要作用同样需予以重视。

二、重视城市创意产业与工业文化的有机结合

基于第五章的论述不难看出创意产业、文化产业或内容产业已逐渐成为工业文化发展的最有效的依托方式之一，党的十九大报告把文化产业建设放在重要位置，提出"推动文化事业和文化产业发展"的战略目标，同时"十三五"规划也提出将文化产业建设为我国国民经济支柱性产业的重大目标，因此为实现我国城市创意产业与工业文化的有机结合，本书认为可以从以下三点进行改进。

第一，重视文化空间中工业遗产"整体性""真实性"与"场所精神"的营造。由于工业环境及作业场所占地广、规模大、可塑性相对低且工业元素存在特定依存关系等特点，对于工业遗产的保护与开发一般须遵从"整体性""真实性"等原则。通过对原有工业元素及工业资源"增量效益"的引导与激发，依托其整体及部分"场所精神"(genius loci) 的营造，才能有效避免工业遗留物的孤立呈现与工业元素的简单组合。同时更能在传承地方文脉的基础上，清晰、真切地呈现我国工业文化所走过的历程，为实现多重效益奠定基础。同时，开发利用后的工业遗产必须做到与周边环境的和谐融入，通过设置合理范围内的缓冲区 (buffer zone)，降低工业景观与元素的距离感与突兀感；而对于现代消费元素的设立等细节方面均应在继承整个工业遗产场所精神的前提下，契合工业遗产的主题与文化内核。在建筑外立面风格上，英

---

①　Xie, P. F.: *Developing industrial heritage tourism: A case study of the proposed jeep museum in Toledo, Ohio*. In: Tourism Management, vol.27, no. 6, 2006.

②　Charalampia Agaliotou: *Reutilization of industrial buildings and sites in greece can act as a lever for the development of special interest/alternative tourism*, Procedia - Social and Behavioral Sciences, vol.175, 2015.

国案例一般保留工业景观典型的红砖元素，同时赋予代表性工业构件——烟囱等以实用功能，进一步增强大众的"代入感"，通过符号化的呈现保持了整体的场所精神。同时，对于工业遗产场所中路线指示牌的设计也同样应突出工业元素，与整体环境相契合，如图 7.4 所示。

图 7.4　契合整体工业人文环境的路标指示牌

第二，处理好工业文化与城市发展的关系。保护与利用工业遗产对我国城市（尤其是部分二线城市）规划提出了较大的挑战，因此需适当调整城市发展中审美需求与经济发展的互动关系。使保护与利用工业遗产既能满足当前的经济结构调整与新型城镇化、新型工业化等政策需求，同时也须保证不牵制已有或潜在的产业形态及发展路径。除此之外，由于工业遗产自身不易被阐释及呈现方式较为单一等因素，在我国乃至世界已有的工业遗产保护与开发的过程中，仍存在过于重视市场开发，甚至偏离工业遗产保护理念等问题。除此之外，还应积极、稳妥地协调好城市经济发展与环境保护和文化传承等方面的互动关系。

第三，重视志愿者等公众在文化产业开发与管理中的参与。通过对若干英国成熟工业遗产地（如：南部威尔士卡莱纳冯工业区景观；苏格兰中部德文特河谷工业区；苏格兰新拉纳克；英格兰索尔泰尔及利物浦海事商城等[①]）

———————
① 分别于 2000 年、2001 年、2001 年、2001 年及 2004 年入选世界遗产名录。

的考察，尤其是对英国首个世界工业遗产——铁桥峡谷的资料搜集及对相关人士的访问与考察，发现这些案例的成功都无一例外的较好地激发、引领并合理运用了公众的多方参与，例如无论是交通改造还是工业景观的保留，均较好地采纳了当地社区与普通民众的建议。而在铁桥峡谷发展初期，由于财力紧张及其奉行的"经济独立"(Finical Independent) 原则等原因，本地居民尤其是志愿者队伍为其初步启动作出了重要贡献，借助他们的多方位参与为旅游地的后期成功运营奠定了强有力的市场基础；而凭借对当地居民注意力的激发，使得其后期逐步获得了普通民众的广泛认可与积极帮助。而关于志愿者等公众力量在各类文化遗产的保护、利用与管理过程中所发挥的重要作用与巨大价值，在西方学界早已引起很多的关注（例如在几乎每个工业主题博物馆建立初期均要发动志愿者等民众出谋划策，并为志愿者设立专门的机构，以协调志愿者的招募、筛选、培训及管理等工作），甚至将志愿者定义为遗产运动的"生命线"[①]，但在我国则鲜有关注。因此我国也应将公众及其多方参与作为重要力量投入旅游产品的开发过程，重视培养针对性强的志愿者队伍，尤其是对于初期需要大量投资的工业遗产旅游开发而言，志愿者的作用更是不可忽视。

三、基于城市优势，聚焦工业遗产旅游开发

基于我国城市所具备的主要优势与特点，同时考虑到当前英国及其他国家针对城市中工业遗产的开发与利用主要集中于工业遗产旅游这种方式，因此我国亦可聚焦工业遗产的旅游化开发，以实现城市在经济、文化、政治上的复兴。而考虑到工业遗产旅游对实现城市复兴所产生的显著性效果和我国当前有限的发展现状，本书认为可以从以下四点进行提高：

---

① Great Britain Office of Arts, and Libraries: *Volunteers in museums and heritage organisations: Policy, planning and management,* London: HMSO, 1991.
Goodlad, S.: *Museum volunteers: Good practice in the management of volunteers*, London: Routledge,1998.
Walton, P. J.: *The handbook for heritage volunteer managers and administrators*, Glastonbury: British Association of Friends of Museums, 1999.

　　第一，对于工业遗产旅游在我国的开发与发展，可酌情考虑传统旅游城市优先发展、已有工业遗产旅游城市间联合发展的发展模式。通过前文表7.3可以看出，传统的旅游城市如北京、上海等已具备较好的旅游条件：如知名度广、影响力大、通达性好、友好程度高、配套设施完善及文化底蕴深厚等。因此可在此类城市中酌情优先发展工业遗产旅游，发挥其"以点带面"等扩散效应。由此，一定程度上能够在增强民众对其价值认同感的基础上，促进其他城市工业遗产旅游的发展；同时从表7.3不难发现部分已有工业遗产旅游开发的城市地理位置临近，呈现"成片"趋势。因此可适当考虑开展城际合作，通过联合发展模式在整合各自优势并突出各自工业文化特质的基础上，积极发挥区域效益，合作推进工业遗产旅游。以我国武汉、黄石及萍乡所推出的"汉冶萍"旅游专线为例，其依托有"中国钢铁工业的摇篮"美誉之称的中国最早的钢铁联合企业——汉冶萍公司（由武汉汉阳铁厂、黄石大冶铁矿和江西萍乡煤矿组成）为核心旅游吸引物，推行城际联合发展模式，取得了较好的市场效果，也开拓了我国工业遗产旅游的发展思路。

　　第二，重视复合型旅游人才的培养。我国工业遗产旅游起步较晚，仍属新兴旅游产品，专业人才队伍的严重匮乏在很大程度上制约了其发展（例如我国一些老工业区所编制的旅游规划没有很好地契合其城市特点与工业遗产核心价值等）。因此今后需重视对其专业人才队伍的建设，重视培养既懂工业又懂旅游的跨专业复合型人才（例如熟知老工业城区特定历史时期的工业组织生态及其特有的生产关系及结构等诸多方面），尤其是加大对工业遗产旅游规划人才培养的投入力度。可选试点高校开设相关课程，并选派优秀旅游学界理论及实践人才赴国外展开对成功案例的深入调研，加强对其规律性的认知、总结与本地化运用，以有效指导今后我国工业遗产旅游的规划、运营与管理、维护。

　　第三，完善并优化工业遗产旅游的市场机制。如图7.5所示，对于工业遗产旅游的市场机制要在可持续发展等核心理念的指导下因地制宜地进行不断地完善与优化。针对工业遗产显性属性在每个不同过渡环节的特殊作用要注意差异化引导与本土化阐释，以使地区所选工业遗产市场机制能够有效地实现经济发展路径的转型，真正实现社会效益、经济效益并凸显审美价值及教育价值等。除此之外，针对工业遗产旅游客源市场特点（如以当地人为主、老年人群体及学生群体相对更多等），在市场营销及推广环节要做到有的放矢。

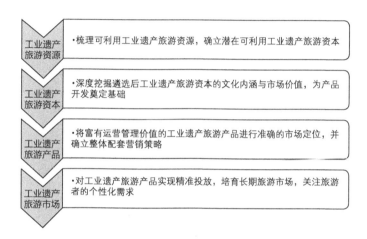

图 7.5　工业遗产旅游市场机制的简易过程

　　第四，关注功能复合型旅游产品的打造。除了以各类博物馆、餐厅、纪念品商店及会议场所等为主的传统工业遗产旅游产品之外，实现其产品功能多元化，能够避免开发模式趋同带来的弊端，并实现差异化发展，例如前文提及的铁桥峡谷就较好地实现了其工业遗产旅游产品在功能上的多元化开发。笔者在考察中发现，虽然铁桥峡谷具备很多世界级意义，例如代表了世界工业革命诞生地、其核心遗产铁桥为世界首座铁制桥梁等，而其首要工业遗产"熔炉"因在全英最先将铁与煤一同冶炼，所以在某种意义上代表了大批量生产的开端等。但由于其占地面积过大、工业遗产密度较低等因素，导致了其工业景观分布松散。同时铁桥周边缺乏有关联度的工业呼应物，使得在铁桥面前很难有情感连接及彼时工业氛围的"代入感"。尽管有塞文河等自然风景的烘托，但铁桥四周的现代咖啡厅及餐馆等在某种程度上"孤立"了铁桥，然而其依托 IGMT 管理下的十座不同类型博物馆所打造的旅游产品就几乎完美地解决了这个问题，并成功地呈现了当地在 19 世纪作为全球工业中心之一的情景。其中最具特色的当属维多利亚小镇，其作为活态博物馆，融入了很多特色元素，例如：游客可以在其馆内银行中用英镑兑换英国 19 世纪末通行的货币，并在馆内实现工业纪念物的购买等"流通"功能，以及现场观看铁制动物雕像流程并购买等，如图 7.6 所示：

图 7.6　铁制雕像等工业纪念物，图片右侧即为现场生产展示车间

因此我国在工业遗产旅游开发过程中，应避免开发模式的单一化与解读方式的空心化，将实现旅游产品功能的多元化作为其核心竞争力与发力点。同时在秉持因地制宜的首要原则下，积极通过功能复合型旅游产品打造，以增强工业旅游吸引物的吸引力并发挥其价值属性上的稀缺性，从而培育有忠诚度的旅游市场，产生多元效益。除此之外，还宜适时将其与其他旅游产品进行有机融合，通过打造组合型旅游产品进一步促进区域经济的发展，例如重点打造"工业文化历史街区"等。

第六节　英国工业遗产与城市复兴互益效应的评价

本节将基于前面章节所提出的以六组对应关系为内核的英国工业遗产与

城市复兴互益效应关系，以为其建立关键性评价指标体系的基本框架。进而主要凭借 Yaahp 软件，运用层次分析法和专家访谈法（访谈提纲见本节第四小点），对互益效应展开因子评价分析，由此完成对英国工业遗产与城市复兴互益效应的评价。

一、评价指标体系的建立

结合前面章节的理论基础与分析，以英国工业遗产与城市复兴互益效应评价为目标层，以工业遗产、城市复兴为综合评价层，以工业考古与城市工业社区、工业遗产档案与城市工业历史、工业遗产文化教育与城市工业文化、工业遗产景观与城市环境、工业遗产博物馆与城市形象、工业遗产旅游与城市经济为标准层，以提升福祉、强化关键点、重要内容、丰富阐释、传承核心、有力支撑、优化布局、方向指引、延展维度、重要契合点、促进发展、培育市场为因子层，建立包含以上四个层次的综合评价指标体系，详情见表 7.4。

表 7.4　英国工业遗产与城市复兴互益效应四层评价体系

目标层	综合评价层	标准层	因子层	说明
英国工业遗产与城市复兴互益效应评价	工业遗产	工业考古与城市工业社区	提升福祉	工业考古的开展改善城市工业社区的生活水平，增强居民归属感与荣誉感，提升社区福祉
			强化关键点	城市工业社区发展成为强化工业遗产保护的关键点，并为工业考古的开展与专业化发展提供助力
		工业遗产档案与城市工业历史	重要内容	城市工业遗产档案是其工业历史的重要历史佐证，构成了工业历史发展演变的重要组成部分与内容
			丰富阐释	城市工业历史为物质性与非物质性工业遗产档案建构了有力的话语支撑体系，丰富其进一步阐释
		工业遗产文化教育与城市工业文化	传承核心	工业遗产文化教育通过对工业精神的传播，结合爱国主义教育，对城市工业文化的核心实现积极传承
			有力支撑	城市工业文化的资源禀赋与组织形式等为工业遗产文化教育的开展与壮大提供有力支撑

185

续表

目标层	综合评价层	标准层	因子层	说明
英国工业遗产与城市复兴互益效应评价	城市复兴	工业遗产景观与城市环境	优化布局	工业遗产景观构成城市环境富有特色而重要的节点，从整体上对环境布局起到优化作用
			方向指引	城市环境通过融合城市文化空间，从方向上对工业遗产景观的建构提供有效指引
		工业遗产博物馆与城市形象	延展维度	工业遗产博物馆构成城市形象中生动而鲜明的组成部分，通过城市文化地标从细分类型上延展城市形象维度
			重要契合点	城市形象为工业遗产博物馆的发展提供重要契合点，通过城市文化区推动其实现可持续发展
		工业遗产旅游与城市经济	促进发展	工业遗产旅游立足细分市场，通过旅游经济的发展推动城市经济的发展
			培育市场	城市经济在导向上为工业遗产旅游提供支持，通过创意产业的发展与细分市场的培育优化旅游产业结构

在 Yaahp 软件（版本为 12.0）的帮助下，按照表 7.4 所示，将目标层、综合评价层、标准层、因子层进行可视化转换，如图 7.7 所示：

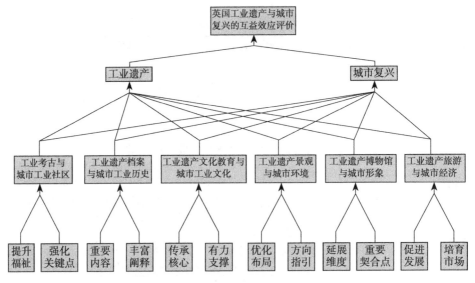

图 7.7 英国工业遗产与城市复兴互益效应四层评价体系

二、权重分析的过程及结果

基于表 7.4 所示的评价指标体系及图 7.7 所示的层次模型，本次权重分析过程简化分为三个步骤，篇幅所限概述如下：第一步，通过相关代表性文献梳理、典型案例的筛选，并结合外方学校及导师资源，将访谈对象限定为在英国一线工业遗产管理工作从业者、城市政策研究者、公共文化空间如博物馆管理者及研究者等；第二步，在调研过程中，通过访谈搜集相关结论。需要指出的是，由于访谈地点在英国，同时访谈对象为非汉语母语者，所以访谈提纲为英文，简化翻译后详见附录）；第三步，为完成模糊综合评价计算，因此在去模糊阶段将评价等级论域设为选项 A（互益效应显著）值 3.000、选项 B（互益效应明显）值 2.000、选项 C（互益效应一般）值 1.000 并加权平均。

总的看来，整个过程基于层次分析法即 AHP 和专家访谈法，运用分析软件 Yaahp 导入从 47 份专家访谈问卷中得出的专家数据以展开各因子权重算数平均值计算（手工修改少部分残缺或判定相左的专家数据），在完成结果确认、数据分析校对、人工整理等过程后，其相应计算结果如表 7.5 所示：

表 7.5　因子权重计算结果

综合评价层	对应权重	排序	标准层	对应权重	排序	因子层	对应权重	排序
工业遗产	0.5843	1	工业考古与城市工业社区	0.2390	2	提升福祉	0.1675	2
						强化关键点	0.0950	4
			工业遗产档案与城市工业历史	0.0391	6	重要内容	0.0324	11
						丰富阐释	0.0073	12
			工业遗产文化教育与城市工业文化	0.1393	4	传承核心	0.0628	7
						有力支撑	0.0441	9
城市复兴	0.4157	2	工业遗产景观与城市环境	0.0873	5	优化布局	0.0441	9
						方向指引	0.0580	8
			工业遗产博物馆与城市形象	0.1970	3	延展维度	0.0639	6
						重要契合点	0.0897	5
			工业遗产旅游与城市经济	0.2984	1	促进发展	0.1773	1
						培育市场	0.1579	3

三、评价结论

由表 7.5 数据可知，在英国工业遗产与城市复兴互益效应中，综合评价层工业遗产的权重相对稍高于城市复兴的权重，在该互益效应关系中处于核心地位，因此对于已经进入或即将进入去工业化及后工业化时代城市的管理者而言，应当重视对工业遗产的研究、保护与利用以实现城市政治、经济与文化的复兴。相应地，城市复兴对于工业遗产的积极益处同样应当纳入积极考量范畴，在城市政策、设计等方面重视城市复兴需求及实现路径的明确及管理，以促进城市工业遗产的可持续性发展。

在标准层中，工业遗产旅游与城市经济、工业考古与城市工业社区、工业遗产博物馆与城市形象的互益效应权重居于前三位，其他三对互益关系权重相对较弱。因此相关城市管理者需适当突出工业遗产旅游、工业考古、工业遗产博物馆与城市经济、城市工业社区、城市形象在城市中的积极互动关系，同时重视工业遗产文化教育、工业遗产景观、工业遗产档案与城市工业文化、城市环境、城市工业历史的互益关系。

在因子层中工业遗产旅游对城市经济的促进发展作用权重、工业考古对城市工业社区福祉的提升作用权重、城市经济对工业遗产旅游市场的培育作用权重、城市工业社区对工业考古的强化助力作用权重、城市形象对工业遗产博物馆的重要契合点供给作用权重、工业遗产博物馆对城市形象维度的延展作用权重居于前六位，其他六个方面作用则相对较弱。因此相关城市管理者宜重视推进工业遗产旅游开发，以推进城市经济的复苏与兴盛，并带动相关产业的发展；逐步开展工业考古，以改善并提升城市工业社区的生活水平与福祉；发展城市经济突出创意产业，以培育工业遗产旅游细分市场；从利益相关性的角度出发，加强城市工业社区在人才培养及工业遗产阐释等方面对工业考古的强化助力；在城市形象构建上，突出其与工业遗产博物馆的关联性，以为之提供重要契合点；通过城市文化地标，发挥工业遗产博物馆对城市形象维度的延展。与此同时，还应通过开展以"工业精神""爱国主义教育"等为内核的工业遗产文化教育，以传承城市工业文化的脉络与核心；突出城市环境打造对工业遗产景观在要素构成及文化空间融合等方面的方向指引；适时构建工业遗产景观，并通过对城市环境功能分区及结构的优化，在整体上实现对布局的优化；强调通过引导资源禀赋与嫁接组织形式，支撑工业遗产文化教育的开展与壮大；建立并完善物质性与非物质性工业遗产档案，以发挥其对城市工业历史发展演变脉络的佐证与阐释作用；通过强调城市工业历史对相应工业遗产档案的尊重与阐释，以为其建构有力的话语支撑体系。

最后值得一提的是，综上分析不难看出工业遗产旅游与城市经济的互益关系性最高，同时在工业遗产旅游对城市经济发展的促进及城市经济对工业遗产旅游市场的培育这两个方面也表现出较高的相关性，这不仅符合工业遗产旅游研究在国外已成规模及在国内逐步升温的客观现状，同时也在英、美、日等国实践的成功中得到了有力印证，因此需对其给予应有的重视。

四、访谈提纲（翻译为中文后）

尊敬的各位专家、学者及从业者：

您好！

基于史实、文献、田野调查及已有的研究基础，为更好地了解英国工业遗产与城市复兴在互益相关性上的相互作用程度，特制以下访谈提纲，请您拨冗赐教。本次访谈将隐去您本人姓名、性别、职位等所有个人资料及信息，并对其做到完全保密。您针对问题所作出的选择不存在正误之分，同时将成为本人研究的宝贵资料。衷心感谢您抽出宝贵时间对本研究的支持与帮助！

第一部分	1. 请问您将如何评价英国工业遗产与互益效应关系？ A. 互益效应显著　　B. 互益效应较为明显　　C. 互益效应一般
第二部分	1. 请问在英国工业遗产与互益效应关系中，您将如何评价工业遗产对城市复兴的积极效应？ A. 积极效应显著　　B. 积极效应较为明显　　C. 积极效应一般
	2. 请问在英国工业遗产与互益效应关系中，您将如何评价城市复兴对工业遗产的积极效应？ A. 积极效应显著　　B. 积极效应较为明显　　C. 积极效应一般

续表

第三部分	1. 请问您将如何评价工业考古对城市工业社区的积极效应？ A. 积极效应显著　　B. 积极效应较为明显　　C. 积极效应一般
	2. 请问您将如何评价城市工业社区对工业考古的积极效应？ A. 积极效应显著　　B. 积极效应较为明显　　C. 积极效应一般
	3. 请问您将如何评价工业遗产档案对城市工业历史的积极效应？ A. 积极效应显著　　B. 积极效应较为明显　　C. 积极效应一般
	4. 请问您将如何评价城市工业历史对工业遗产档案的积极效应？ A. 积极效应显著　　B. 积极效应较为明显　　C. 积极效应一般
	5. 请问您将如何评价工业遗产文化教育对城市工业文化的积极效应？ A. 积极效应显著　　B. 积极效应较为明显　　C. 积极效应一般
	6. 请问您将如何评价城市工业文化对工业遗产文化教育的积极效应？ A. 积极效应显著　　B. 积极效应较为明显　　C. 积极效应一般
	7. 请问您将如何评价工业遗产景观对城市环境的积极效应？ A. 积极效应显著　　B. 积极效应较为明显　　C. 积极效应一般
	8. 请问您将如何评价城市环境对工业遗产景观的积极效应？ A. 积极效应显著　　B. 积极效应较为明显　　C. 积极效应一般
	9. 请问您将如何评价工业遗产博物馆对城市形象的积极效应？ A. 积极效应显著　　B. 积极效应较为明显　　C. 积极效应一般
	10. 请问您将如何评价城市形象对工业遗产博物馆的积极效应？ A. 积极效应显著　　B. 积极效应较为明显　　C. 积极效应一般
	11. 请问您将如何评价工业遗产旅游对城市经济的积极效应？ A. 积极效应显著　　B. 积极效应较为明显　　C. 积极效应一般
	12. 请问您将如何评价城市经济对工业遗产旅游的积极效应？ A. 积极效应显著　　B. 积极效应较为明显　　C. 积极效应一般
第四部分	1. 请问您将如何评价工业考古在提升福祉这一方面对城市工业社区的积极效应？ A. 积极效应显著　　B. 积极效应较为明显　　C. 积极效应一般
	2. 请问您将如何评价城市工业社区在强化关键点这一方面对工业考古的积极效应？ A. 积极效应显著　　B. 积极效应较为明显　　C. 积极效应一般
	3. 请问您将如何评价工业遗产档案在构成重要内容这一方面对城市工业历史的积极效应？ A. 积极效应显著　　B. 积极效应较为明显　　C. 积极效应一般
	4. 请问您将如何评价城市工业历史在丰富阐释这一方面对工业遗产档案的积极效应？ A. 积极效应显著　　B. 积极效应较为明显　　C. 积极效应一般
	5. 请问您将如何评价工业遗产文化教育在传承核心这一方面对城市工业文化的积极效应？ A. 积极效应显著　　B. 积极效应较为明显　　C. 积极效应一般
	6. 请问您将如何评价城市工业文化在有力支撑这一方面对工业遗产文化教育的积极效应？ A. 积极效应显著　　B. 积极效应较为明显　　C. 积极效应一般
	7. 请问您将如何评价工业遗产景观在优化布局这一方面对城市环境的积极效应？ A. 积极效应显著　　B. 积极效应较为明显　　C. 积极效应一般

续表

第四部分	8. 请问您将如何评价城市环境在方向指引这一方面对工业遗产景观的积极效应？ 　A. 积极效应显著　　B. 积极效应较为明显　　C. 积极效应一般
	9. 请问您将如何评价工业遗产博物馆在延展维度这一方面对城市形象的积极效应？ 　A. 积极效应显著　　B. 积极效应较为明显　　C. 积极效应一般
	10. 请问您将如何评价城市形象在重要契合点这一方面对工业遗产博物馆的积极效应？ 　A. 积极效应显著　　B. 积极效应较为明显　　C. 积极效应一般
	11. 请问您将如何评价工业遗产旅游在促进发展这一方面对城市经济的积极效应？ 　A. 积极效应显著　　B. 积极效应较为明显　　C. 积极效应一般
	12. 请问您将如何评价城市经济在培育市场这一方面对工业遗产旅游的积极效应？ 　A. 积极效应显著　　B. 积极效应较为明显　　C. 积极效应一般

完成访谈时间_____

第七节　本章小结

　　基于前文对英国及其他国家代表性案例的研究，本章研究了英国工业遗产与城市复兴互益效应对中国的启示，并借助 Yaahp 软件对该效应进行评价。首先结合标志性事件、关键数据、代表性案例的挖掘与分析，论证了围绕我国工业遗产与城市发展的两大现状：起步较晚、发展有限。接着从世界遗产语境中我国工业遗产所处境况的客观实际入手，提出我国现存的三个方面的问题：认知理念上稍显落后、城市创意产业与工业文化的结合有限、城市优势与工业遗产开发失焦。以此为基础，分析了问题产生的三大原因：工业化进程迅猛、农业文化影响力巨大、发展路径不同。随后论证了我国在工业遗产与城市复兴互益效应发挥上所具备的五点潜力：潜在资源丰厚且时机恰当、早期管理经验丰富且物质基础较好、工业遗产饱含中国特色、老工业城区需求旺盛、工业化的特殊性所赋予的优势。然后提出我国工业遗产与城市互益具有五个方面的价值：是中国文化的重要环节之一，构成中国城市肌理的重要物证及人文遗存，形成针对中国不同群体、不同方面的重要价值，促成国计民生的改善及民族自豪感、爱国情操的培养，促进中国城市开展工业遗产旅游以形成多方价值。最后提出英国工业遗产与城市复兴互益效应的三个方面共计十一点启示：第一，提升认知理念水平，包括多渠道、多层次增强我国的工业遗产意识,更新三大典型错误观念,有效理解并利用工业遗产全生命周期理论,重视地方社区及志愿者的重要作用;第二,重视城市创意产业与工业文化的有机结合,包括重视文化空间中工业遗产"整体性""真实性"与"场所精神"的营造,处理好工业文化与城市发展的关系,重视志愿者等公众在文化产业开发与管理中的参与;第三,基于城市的优势与特点以聚焦工业遗产的旅游化开发与利用,包括传统旅游城市优先发展结合已有工业遗产旅游城市间联合发展的发展模式,重视复合型旅游人才的培养,完善并优化工业遗产旅游的市场机制,关注功能复合型旅游产品的打造。

第七章

研究总结与展望

第一节　总结

随着 20 世纪后期工业考古逐步被各界所认可和接纳，以及工业遗产与城市复兴实现之间的互益效应先后在英、德、美、日等国实现，世界遗产语境也逐步开始认识到工业遗产的重要价值，并将其作为城市在现代社会中可持续发展的重要关注点之一。在经济全球化的程度不断深化、水平不断提高的驱动下，人类城市管理在城市发展阶段的变迁下发生了改变，工业遗产开始实现了转型，同时工业遗产也逐步成为世界遗产未来重要的发展趋势之一。近年来随着我国部分城市率先步入逆工业化、去工业化及后工业化的阶段，如何妥善处理废弃的工业遗留物成为城市管理者面临的难题之一，以此为研究缘起，编者利用在英国留学的机会详细研究了英国的情况，现将主要结论整理为以下六个方面：

第一，本书认为工业遗产为英国城市实现经济、文化、社会等方面的复兴作出了较大贡献，英国政府在进行城市管理与经营时，也将工业遗产作为重要的作用对象与关键点。英国的一些城市在 20 世纪中后期进入了普遍的衰落期，面临着严峻的经济、文化、社会问题，英国政府由此开始寻求城市发展的转型以图复兴。在实践中随着城市管理理念的改变、科学技术手段的发展、大众审美的变迁等因素，英国逐渐将工业遗产作为主要依托对象与手段，以实现衰退后的工业城市在去工业化、后工业化社会的可持续性发展。而这些相关时代背景在一定程度上与我国现阶段部分城市所步入的发展阶段和面临的问题有相似之处，因此英国的发展理念与解决方式对我国有一定的启发作用。

第二，本书认为英国可供开发的工业遗产分为三类：工业生产类遗产，包含地表可见类、地下可见类两个方面；工业交通类遗产，包含水运交通类、轨道交通类、其他交通类三个方面；工业社会类遗产，包含工人社区、业主地产两个方面。另一方面，本书认为英国在城市复兴过程中工业遗产主要包含四大利益相关者：工业遗产、地方政府、当地社区、空间环境，并界定了相应演变出的六对互动关系：工业遗产与地方政府、工业遗产与当地社区、地方政府与当地社区、地方政府与空间环境、空间环境与当地社区、工业遗产与空间环境，提出不同利益相关者的博弈能够影响工业遗产与城市复兴互益效应的发挥。最后结合类型学框架图将英国可供开发的工业遗产分为三类，并通过实地调研案例完成例证说明。

第三，本书从三个方面总结英国工业遗产对城市复兴的积极作用：（1）以工业文化为导向能够优化复兴策略，主要表现在两个方面：工业考古提升了城市工业社区的福祉，工业遗产档案丰富了城市工业历史的阐释；（2）以工业文化为导向能够充实复兴内涵，主要表现在两个方面：工业遗产文化教育传承了城市工业文化的核心，工业遗产景观优化了城市环境的布局；（3）以怀旧情怀为特色能够增强复兴效度，主要表现在两个方面：工业遗产博物馆延展了城市形象的维度，工业遗产旅游促进了城市经济的发展，由此详尽研究并论证英国工业遗产对城市复兴所产生的推进作用。

第四，本书从三个方面提出城市复兴对工业遗产的积极作用：（1）城市文化强化了工业遗产保护的关键点，城市工业社区夯实了工业遗产保护的力度，以此论证城市复兴促进了工业遗产保护；（2）城市文化地标塑造了工业遗产传承的精髓，城市文化空间搭建了工业遗产传承的平台，以此论证城市复兴推动了工业遗产传承；（3）城市文化区增强了工业文化的物质化发展，城市创意产业推进了工业文化的产业化发展，以此论证城市复兴优化了工业文化发展，由此全面、透彻分析了英国城市复兴进程对工业遗产所产生的积极作用。

第五，为增强理论对实践的指导意义，本书以英国世界遗产（属工业遗产）铁桥峡谷地区作为单个案例，结合田野调查所获的数据及资料，从繁杂的地区复兴与工业遗产中提炼出三点具体表现：塞文河对地区发展的重要作用，达尔比家族的工业技术创新与工业精神，铁桥峡谷——英国首个世界文化遗产的成形。同时研究了三大利益相关者：社区与志愿者的重要贡献，铁桥峡谷博物馆信托基金的重要作用，国际铁桥文化遗产研究院的重要影响。本书认为该地区的十座工业遗产博物馆促进了地区经济的复苏，核心工业遗产景观推动了地区文化的构建，同时认为地区复兴提升了工业社区的福祉，传承了地区工业文脉，由此充分论证地区工业遗产与区域复兴相互促进的互益效应。

第六，本书还探究了国外的经验及成果对我国工业遗产与城市复兴互益效应的启示。首先，宏观上围绕我国工业遗产与城市发展，提出起步较晚、发展有限两大客观现状；其次，提出我国现阶段存在认知稍显落后，城市创意产业与工业文化的结合有限，城市优势与工业遗产开发失焦这三个方面（六小点）的主要问题，并总结出工业化进程迅猛、农业文化影响力巨大、发展路径不同是主要造成这些问题的原因。随后提出了潜在资源丰厚且时机恰当、早期管理经验丰富且物质基础较好、工业遗产饱含中国特色、老工业城区需求旺盛、工业化的特殊性所赋予的优势这五个方面的潜力。最后归纳我国工业遗产与城市互益具有五个方面的价值：是中国文化的重要环节之一，构成中国城市肌理的重要物证及人文遗存，形成针对中国不同群体、不同方面的重要价值，促成国计民生的改善及民族自豪感、爱国情操的培养，促进中国城市开展工业遗产旅游以形成多方价值。随后，本书最后从三个方面提出我国工业产业的提升策略：提升认知理念水平，重视城市创意产业与工业文化的有机结合，基于城市的优势与特点聚焦工业遗产开发与利用手段。具体包括十一点：多渠道、多层次增强我国的工业遗产意识，更新三大典型错误观念，有效理解并利用工业遗产全生命周期理论，重视地方社区及志愿者的重要作用，重视文化空间中工业遗产"整体性""真实性"与"场所精神"的营造，处理好工业文化与城市发展的关系，重视志愿者等公众在文化产业开发与管理中的参与，传统旅游城市优先发展结合已有工业遗产旅游城市间联合发展的发展模式，重视复合型旅游人才的培养，完善并优化工业遗产旅游的市场机制，关注功能复合型旅游产品的打造。

第二节　展望

从国内外学术界的现状来看，工业遗产的保护与利用、工业遗产对城市复兴主要作用的界定、城市复兴对工业遗产主要价值的体现依然是一个大课题。我国当前有不少城市面临着资源短缺、环境污染、人口流失、工业萧条等问题，还有一些城市已经率先步入了去工业化、后工业化等阶段，因此该课题的研究仍大有可为。受时力所限，本书主要针对英国的情况展开了分析，今后的研究可以从以下三个方面展开：

第一，在现有成果的基础上，可以通过对其他代表性国家（如德国、日本、美国等）及其案例更加广泛地调研，充实样本量及关联数据，并将代表性案例进行对比，以进一步完善具有规律性的理论与结论。

第二，针对我国现有的客观情况与发展需求，可以从更加长远的视角展开研究，同时也可以针对某个具体的城市或案例展开详尽探究。

第三，结合经济学、文化学、社会学等学科对工业遗产及城市复兴展开理论辨析，并将主要研究对象置于更为宏大的理论框架中展开研讨。

工业遗产的研究对我国有着重要而深远的意义，且尚有较大的研究空间，值得有志于此者去钻研。

参考文献

一、著作类

Alfrey, J. (1992). In Putnam T. (Ed.), The industrial heritage: Managing resources and uses / judith alfrey and tim putnam. London: Routledge.

Alfrey, J. & Clark, K. (1993). The landscape of industry: Patterns of change in the ironbridge gorge. London: Routledge.

Beale, C. (2014). In Ironbridge Gorge Museum Trust, issuing body (Ed.), The ironbridge spirit: A history of the ironbridge gorge museum trust / by catherine beale Coalbrookdale, Shropshire: Ironbridge Gorge Museum Trust, 2014.

Bell, Daniel (Daniel A). (1976). The coming of post-industrial society: A venture in social forecasting / daniel bell. Harmondsworth: Penguin.

Boddy, M. & Parkinson, M. (2004). City matters: Competitiveness, cohesion and urban governance / edited by martin boddy and michael parkinson. Bristol: Policy.

Booth, G. (1973). Industrial archaeology / geoffrey booth. London: Wayland.

Butt, J. (1979). Industrial archaeology in the British Isles / john butt and ian donnachie. London: Paul Elek.

Commission of the European Communities. Directorate General for Regional Policies (1993). Urban regeneration and industrial change: An exchange of urban redevelopment experiences from industrial regions in decline in the European Community. Office for Official Publications of the European Communities, Luxembourg.

Dann, G.M.S. 1998. There's no business like old business: Tourism, the nostalgia industry of the future. In W.F. Theobald (eds). Global Tourism. Oxford: Butterworth Heinemann.

Dear, M. J. (1999). The postmodern urban condition. Oxford: Blackwell.

Del Pozo, P. B. & Gonzalez, P. A. (2012). Industrial heritage and place identity in Spain: from monuments to landscapes. Geographical Review, 102(4), 446.

Douet, J. (Ed.). (2013). Industrial heritage re-tooled: The TICCIH guide to industrial heritage conservation. Left Coast Press.

Falconer, K. (1980). Guide to england's industrial heritage / introduction by neil cossons. London: Batsford.

Gardiner, V. & Matthews, M. H. (2000). The changing geography of the United Kingdom electronic resource (3rd ed.). London; New York: Routledge.

Hall, P. G. (1977). The world cities / peter hall (2nd ed.). London: Weidenfeld and Nicolson.

Hall, P. G. (2002). Urban and regional planning / peter hall (4th ed.). London: Routledge.

Hall, T(2001).Urban geography, London: Routledge. 2nd edition.

Hay, G. D. (1986). In Stell G., Royal Commission on the Ancient and Historical Monuments of Scotland(Eds.), Monuments of industry: An illustrated historical record / geoffrey D. hay and geoffrey P. stell. (Edinburgh): Royal Commission on the Ancient and Historical Monuments of Scotland.

Hayman, R. (1999). In Horton W., White S. and Council for British Archaeology (Eds.), Archaeology and conservation in ironbridge / by richard hayman, wendy horton, shelley white. York: Council for British Archaeology.

Hudson, K. (1976). In Brand P. (Ed.), The archaeology of industry / (by) kenneth hudson; drawings by pippa brand. London (etc.): The Bodley Head.

Loures, L. (2008). Industrial heritage: The past in the future of the city. WSEAS Transactions on Environment and Development, 4(8), 687-696.

Lynch, K. (1973). The image of the city / kevin lynch. Cambridge (Mass.); London: Technology Press : Harvard University Press.

Mullins, D. (2006). In Murie A. (Ed.), Housing policy in the UK / david mullins and alan murie ; with phil leather ... et al.]. Basingstoke: Palgrave Macmillan.

Neaverson, P. & Palmer, M. (1995). Managing the industrial heritage: Its identification, recording and management / edited by marilyn palmer and peter neaverson. Leicester: School of Archaeological Studies, University of Leicester.

Pacione, M. (2009). Urban geography: A global perspective / michael pacione (3rd ed.). London: Routledge.

Palmer, M. (2014). Industrial archaeology. In Encyclopedia of Global Archaeology (pp. 3853-3862).Springer New York.

Parkinson, M. & Great Britain Department for Communities and, Local Government. (2009). The credit crunch and regeneration: Impact and implications: An independent report to the department for communities and local government / michael parkinson et al. London: Dept. for Communities and Local Government.

Tallon, A. (2010). Urban regeneration in the UK electronic resource. London; New York: Routledge.

Vanns, M. A. (2003). In Ironbridge Gorge Museum Trust, issuing body (Ed.), Witness to change : A record of the industrial revolution : The elton collection at the ironbridge gorge museum / michael A. vanns Hersham, Surrey : Ian Allan Publishing, 2003.

陈燮君 . 上海工业遗产实录 [M]. 上海 : 上海交通大学出版社 , 2009.

国家旅游局规划财务司.大力发展工业遗产旅游促进资源枯竭型城市转型
[M].北京:旅游教育出版社,2014.

刘伯英.城市工业用地更新与工业遗产保护[M].北京:中国建筑工业出版社,
2009.

骆高远.寻访我国"国保"级工业文化遗产[M].杭州:浙江工商大学出版社,
2013.

吕建昌.近现代工业遗产博物馆研究[M].北京:学习出版社,2016.

马航.城市滨水区再开发中的工业遗产保护与再利用[M].哈尔滨:哈尔滨工
业大学出版社,2017.

马航.城市滨水区再开发中的工业遗产保护与再利用[M].哈尔滨:哈尔滨工
业大学出版社,2017.

彭小华.品读武汉工业遗产[M].武汉:武汉出版社,2013.

宋颖.上海工业遗产的保护与再利用研究[M].上海:复旦大学出版社,2014.

田燕.文化线路视野下的汉冶萍工业遗产研究[M].武汉:武汉理工大学出版
社,2013.

王慧.中国农村工业遗产保护与旅游利用研究[M].沈阳:辽宁大学出版社,
2014.

王晶.工业遗产保护更新研究:新型文化遗产资源的整体创造[M].北京:文物
出版社,2014.

韦峰.在历史中重构:工业建筑遗产保护更新理论与实践[M].北京:化学工业
出版社,2015.

张京成.工业遗产的保护与利用:"创意经济时代"的视角[M].北京:北京大
学出版社,2013.

赵崇新.当代中国建筑集成,工业地产与工业遗产[M].天津:天津大学出版
社,2013.

朱文一.中国工业建筑遗产调查、研究与保护[M].北京:清华大学出版社,
2011.

二、硕博学位论文类

Fan, Y. (2018). Design research on the regeneration of the urban industrial waterfront to a livable one (Order No. 10992800). Available from ProQuest Dissertations & Theses Global. (2109757690). Retrieved from https://search-proquest-com.ezproxye.bham.ac.uk/docview/2109757690?accountid=8630

Grubb, F. (2011). Emerging post-fordism: Deindustrialisation and transition in the suburbs (Order No. 10309875). Available from ProQuest Dissertations & Theses Global. (1947647846). Retrieved from https://search-proquest-com.ezproxye.bham.ac.uk/docview/1947647846?accountid=8630

Holyoake, K. E. (2006). The culture of conservation: An ethnographic interpretation of the re-use of historic urban industrial buildings in England (Order No. U226416). Available from ProQuest Dissertations & Theses Global. (301713171). Retrieved from https://search-proquest-com.ezproxye.bham.ac.uk/docview/301713171?accountid=8630

Hu, Y. (2010). The publicity of regeneration zone of industrial heritage -- compared with the M50 and new Shanghai iron and steel plant 10 for example (Order No. 10389962). Available from ProQuest Dissertations & Theses Global. (1869044995). Retrieved from https://search-proquest-com.ezproxye.bham.ac.uk/docview/1869044995?accountid=8630

Hussein, M. M. F. (2015). Urban regeneration and the transformation of the urban waterfront: A case study of Liverpool waterfront regeneration (Order No. 10090789). Available from ProQuest Dissertations & Theses Global. (1779542404). Retrieved from https://search-proquest-com.ezproxye.bham.ac.uk/docview/1779542404?accountid=8630

Jarvis, S. J. (2001). World heritage and local regeneration: Can a northern industrial city have both?(Order No. U150527). Available from ProQuest Dissertations

& Theses Global. (301596860). Retrieved from https://search-proquest-com. ezproxye.bham.ac.uk/docview/301596860?accountid=8630

Li, M. (2009). The research of protection and revival of the historic district (Order No. 10314639). Available from ProQuest Dissertations & Theses Global. (1870527572). Retrieved from https://search-proquest-com.ezproxye.bham. ac.uk/docview/1870527572?accountid=8630

Li, N. (2009). The research on post-industrial cultural landscape eco-artistic creation strategy in northeast cities (Order No. 10413944). Available from ProQuest Dissertations & Theses Global. (1869035015). Retrieved from https://search-proquest-com.ezproxye.bham.ac.uk/docview/1869035015?acco untid=8630

Liu, K. X. (2011). A study on the spatial characteristic and its dynamic mechanism of creative industry precinct in Guangzhou (Order No. 10576131). Available from ProQuest Dissertations & Theses Global. (1870346633). Retrieved from https://search-proquest-com.ezproxye.bham.ac.uk/docview/1870346633?acco untid=8630

Mahoney, J. (2010). Exploring industrial heritage and revitalization at the Chaudière Islands (Order No. MR67444). Available from ProQuest Dissertations & Theses Global. (808570171). Retrieved from https://search-proquest-com.ezproxye.bham.ac.uk/docview/808570171?accountid=8630

Rosa, B. (2014). Beneath the arches: Re-appropriating the spaces of infrastructure in Manchester (Order No. 10033953). Available from ProQuest Dissertations & Theses Global. (1775430294). Retrieved from https://search-proquest-com. ezproxye.bham.ac.uk/docview/1775430294?accountid=8630

Schofield, P. (1997). Tourist destination images: A cognitive-behavioural approach to the study of day trip tourism and the strategic marketing of castlefield urban heritage park (Order No. U095370). Available from ProQuest Dissertations

& Theses Global. (301586530). Retrieved from https://search-proquest-com. ezproxye.bham.ac.uk/docview/301586530?accountid=8630

Zhang, X. (. (2007). Architectural aesthetics and experimental works of artists in regeneration of industrial historic buildings (Order No. H172953). Available from ProQuest Dissertations & Theses Global. (1026529584). Retrieved from https://search-proquest-com.ezproxye.bham.ac.uk/docview/1026529584?acco untid=8630

白莹. 西安市工业遗产保护利用探索 [D]. 西安：西北大学, 2010.

陈晓连. 广州市工业遗产保护与利用机制研究 [D]. 广州：暨南大学, 2009.

程伟. 工业废弃地景观更新与工业遗产保护利用研究 [D]. 太原：太原理工大学, 2011.

高玮. 工业遗产改造中的文化景观整合与表达 [D]. 合肥：合肥工业大学, 2011.

郝倩. 风景园林规划设计中的工业遗产地的保护和再利用 [D]. 北京：北京林业大学, 2008.

胡佳凌. 上海工业遗产原真性的游客感知研究 [D]. 上海：上海师范大学, 2010.

胡跃萍. 成都市成华区工业遗产保护与再利用研究 [D]. 成都：西南交通大学, 2008.

黄翊. 工业遗产上的文化创意产业园区建设研究 [D]. 北京：中央美术学院, 2010.

解翠乔. 保护与复兴：工业遗产的环境重塑与活力再生研究 [D]. 西安：西安建筑科技大学, 2008.

李杨. 城市更新背景下的工业遗产保护与开发问题研究 [D]. 西安：西北大学, 2010.

刘旎. 上海工业遗产建筑再利用基本模式研究 [D]. 上海：上海交通大学, 2010.

刘涛. 西安纺织城工业遗产价值与保护发展规划研究 [D]. 西安：西安建筑科技大学, 2010.

刘翔. 文化遗产的价值及其评估体系 [D]. 长春：吉林大学, 2009.

陆小华.广州工业遗产保护与再利用 [D].广州:华南理工大学,2010.

彭芳.我国工业遗产立法保护研究 [D].武汉:武汉理工大学,2009.

田燕.文化线路视野下的汉冶萍工业遗产研究 [D].武汉:武汉理工大学,2009.

王川.天津近代优秀工业遗产改造与利用浅析 [D].天津:天津大学,2007.

王雪.城市工业遗产研究 [D].大连:辽宁师范大学,2009.

张晶.工业遗产保护性旅游开发研究 [D].上海:上海师范大学,2007.

张毅杉.基于整体观的城市工业遗产保护与再利用研究 [D].苏州:苏州科技学院,2008.

赵香娥.工业遗产旅游在资源枯竭型城市转型中的作用与开发 [D].北京:中国社会科学院研究生院,2009.

三、期刊论文类

Biddulph, M. (2011). Urban design, regeneration and the entrepreneurial city. Progress in Planning, 76(2), 63-103. doi://doi-org.ezproxye.bham.ac.uk/10.1016/j.progress.2011.08.001

Blagojević, M. R. & Tufegdžić, A. (2016). The new technology era requirements and sustainable approach to industrial heritage renewal. doi://doi-org.ezproxye.bham.ac.uk/10.1016/j.enbuild.2015.07.062

Casas, L., Ramírez, J., Navarro, A., Fouzai, B., Estop, E. & Rosell, J. R. (2014). Archaeometric dating of two limekilns in an industrial heritage site in calders (catalonia, NE spain).doi://doi-org.ezproxye.bham.ac.uk/10.1016/j.culher.2013.11.008

Cercleux, A., Merciu, F. & Merciu, G. (2012). Models of technical and industrial heritage re-use in Romania. Procedia Environmental Sciences, 14, 216-225. doi://doi-org.ezproxye.bham.ac.uk/10.1016/j.proenv.2012.03.021

Cho, M. & Shin, S. (2014). Conservation or economization? Industrial heritage conservation in Incheon, Korea. Habitat International, 41, 69-76. doi://doi-org.

ezproxye.bham.ac.uk/10.1016/j.habitatint.2013.06.011

Cin, M. M. & Egercioğlu, Y. (2016). A critical analysis of urban regeneration projects in Turkey: Displacement of Romani settlement case. Procedia - Social and Behavioral Sciences, 216, 269-278. doi://doi-org.ezproxye.bham. ac.uk/10.1016/j.sbspro.2015.12.037

Claver, J. & Sebastián, M. A. (2017). Methodological study and characterization of the industrial heritage of the autonomous community of Galicia. Procedia Manufacturing, 13, 1305-1311. doi://doi-org.ezproxye.bham.ac.uk/10.1016/ j.promfg.2017.09.061

Couch, C., Sykes, O. & Börstinghaus, W. (2011). Thirty years of urban regeneration in Britain, Germany and France: The importance of context and path dependency. Progress in Planning, 75(1), 1-52. doi://doi-org.ezproxye.bham. ac.uk/10.1016/j.progress.2010.12.001

de Magalhães, C. (2015). Urban regeneration. In J. D. Wright (Ed.), International encyclopedia of the social & behavioral sciences (second edition) (pp. 919-925). Oxford: Elsevier. doi://doi-org.ezproxye.bham.ac.uk/10.1016/B978-0-08-097086-8.74031-1 Retrieved from http://www.sciencedirect.com.ezproxye. bham.ac.uk/science/article/pii/B9780080970868740311

Florentina-Cristina, M., George-Laurenţiu, M., Andreea-Loreta, C. & Constantin, D. C. (2014). Conversion of industrial heritage as a vector of cultural regeneration. Procedia - Social and Behavioral Sciences, 122, 162-166. doi:// doi-org.ezproxye.bham.ac.uk/10.1016/j.sbspro.2014.01.1320

Hacquebord, L. & Avango, D. (2016a). Industrial heritage sites in Spitsbergen (Svalbard), South Georgia and the Antarctic Peninsula: Sources of historical information. Polar Science, 10(3), 433-440. doi://doi-org.ezproxye.bham. ac.uk/10.1016/j.polar.2016.06.005

Hwang, K. H. (2014). Finding urban identity through culture-led urban regeneration. Journal of Urban Management, 3(1), 67-85. doi://doi-org. ezproxye.bham.ac.uk/10.1016/S2226-5856(18)30084-0

Ifko, S. (2016). Comprehensive management of industrial heritage sites as a basis for sustainable regeneration. Procedia Engineering, 161, 2040-2045. doi://doi-org.ezproxye.bham.ac.uk/10.1016/j.proeng.2016.08.800

Li, Y., Chen, X., Tang, B. & Wong, S. W. (2018). From project to policy: Adaptive reuse and urban industrial land restructuring in Guangzhou city, china. Cities, 82, 68-76. doi://doi-org.ezproxye.bham.ac.uk/10.1016/ j.cities.2018.05.006

Lim, H., Kim, J., Potter, C. & Bae, W. (2013). Urban regeneration and gentrification: Land use impacts of the Cheonggye stream restoration project on the Seoul's central business district. Habitat International, 39, 192-200. doi://doi-org.ezproxye.bham.ac.uk/10.1016/j.habitatint.2012.12.004

Liu, F., Zhao, Q. & Yang, Y. (2018). An approach to assess the value of industrial heritage based on Dempster–Shafer theory. Journal of Cultural Heritage, 32, 210-220. doi://doi-org.ezproxye.bham.ac.uk/10.1016/j.culher.2018.01.011

Martinat, S., Navratil, J., Hollander, J. B., Trojan, J., Klapka, P., Klusacek, P. & Kalok, D. (2018). Re-reuse of regenerated brownfields: Lessons from an Eastern European post-industrial city. Journal of Cleaner Production, 188, 536-545. doi://doi-org.ezproxye.bham.ac.uk/10.1016/j.jclepro.2018.03.313

Mateo, C. & Cuñat, A. (2016). Guide of strategies for urban regeneration: A design-support tool for the Spanish context. Ecological Indicators, 64, 194-202. doi:// doi-org.ezproxye.bham.ac.uk/10.1016/j.ecolind.2015.12.035

Mohan, G., Longo, A. & Kee, F. (2018). The effect of area based urban regeneration policies on fuel poverty: Evidence from a natural experiment in Northern Ireland. doi://doi-org.ezproxye.bham.ac.uk/10.1016/j. enpol. 2017.12.018

Perales-Momparler, S., Andrés-Doménech, I., Andreu, J. & Escuder-Bueno, I.

(2015). A regenerative urban stormwater management methodology: The journey of a Mediterranean city. Journal of Cleaner Production, 109, 174-189. doi://doi-org.ezproxye.bham.ac.uk/10.1016/j.jclepro.2015.02.039

Rey Rey, J., Vegas González, P. & Ruiz Carmona, J. (2018). Structural refurbishment strategies on industrial heritage buildings in Madrid: Recent examples. Hormigón Y Acero, 69(285), e35. doi://doi-org.ezproxye.bham. ac.uk/10.1016/j.hya.2018.05.001

Romeo, E., Morezzi, E. & Rudiero, R. (2015). Industrial heritage: Reflections on the use compatibility of cultural sustainability and energy efficiency. Energy Procedia, 78, 1305-1310. doi://doi-org.ezproxye.bham.ac.uk/10.1016/ j.egypro.2015.11.145

Sutestad, S. & Mosler, S. (2016). Industrial heritage and their legacies: "Memento non mori: Remember you shall not die". Procedia - Social and Behavioral Sciences, 225, 321-336. doi://doi-org.ezproxye.bham.ac.uk/10.1016/ j.sbspro.2016.06.031

Timothy, D. J. (2016). Industrial heritage tourism. doi://doi-org.ezproxye.bham. ac.uk/10.1016/j.tourman.2016.02.019

曹昌智. 中国历史文化名城名镇名村保护状况及对策 [J]. 中国名城 ,2011(03).

陈冰 , 廖含文 , 姜冰 , 康健 . 城市复兴下的旧城空间与景观重塑——英国谢菲尔德火车站改建项目的启示 [J]. 新建筑 ,2018(06).

陈圣泓 . 工业遗址公园 [J]. 中国园林 ,2008(02).

单霁翔 . 关注新型文化遗产——工业遗产的保护 [J]. 中国文化遗产 ,2006(04).

樊焕美 . 英国城市复兴中的公共艺术——以威尔士斯旺西市为例 [J]. 大众文艺 ,2011(24).

冯立昇 . 关于工业遗产研究与保护的若干问题 [J]. 哈尔滨工业大学学报 (社会科学版),2008(02).

傅方煜 , 曹宇 . "遗产导向" 的英国纽卡斯尔格兰吉尔历史街区复兴策略解读

[J]. 中国建筑装饰装修 ,2017(02).

李晨光 , 谢子涵 , 陈思羽 . 英国城市复兴中的文脉传承——以苏格兰双子城爱
　　丁堡和格拉斯哥为例 [J]. 城市建筑 ,2017(33).

李辉 , 周武忠 . 我国工业遗产地保护与利用研究述评 [J]. 东南大学学报 (哲学
　　社会科学版),2005(S1).

李建华 , 张杏林 . 英国城市更新 [J]. 江苏城市规划 ,2011(12).

李同升 , 张洁 . 国外工业旅游及其研究进展 [J]. 世界地理研究 ,2006(02).

李文华 , 闵庆文 , 孙业红 . 自然与文化遗产保护中几个问题的探讨 [J]. 地理研
　　究 ,2006(04).

梁迎亚 , 朱文一 . 伦敦议会 2015 年《体育场带动城市复兴》报告解读及其对中
　　国的启示 [J]. 城市设计 ,2017(06).

刘伯英 , 李匡 . 工业遗产的构成与价值评价方法 [J]. 建筑创作 ,2006(09).

刘伯英 , 李匡 . 首钢工业区工业遗产资源保护与再利用研究 [J]. 建筑创
　　作 ,2006(09).

刘伯英 , 刘小慧 . 迈向城市复兴的新时代 [J]. 城市环境设计 ,2016(04).

刘伯英 . 城市工业地段更新的实施类型 [J]. 建筑学报 ,2006(08).

刘伯英 . 工业建筑遗产保护发展综述 [J]. 建筑学报 ,2012(01).

卢永毅 , 杨燕 . 化腐朽为神奇——德国鲁尔区产业遗产的保护与利用 [J]. 时代
　　建筑 ,2006(02).

陆邵明 . 关于城市工业遗产的保护和利用 [J]. 规划师 ,2006(10).

骆高远 . 我国的工业遗产及其旅游价值 [J]. 经济地理 ,2008(01).

尼尔·科克伍德 , 申为军 . 后工业景观——当代有关产业遗址、场地改造和景
　　观再生的问题与策略 [J]. 城市环境设计 ,2007(05).

钱竞 , 胡波 . 创意产业发展模式借鉴与探索——以上海为例 [J]. 经济论
　　坛 ,2006(04).

曲凌雁 . 更新、再生与复兴——英国 1960 年代以来城市政策方向变迁 [J]. 国
　　际城市规划 ,2011,26(01).

邵龙,张伶伶,姜乃煊.工业遗产的文化重建——英国工业文化景观资源保护
　　与再生的借鉴 [J]. 华中建筑 ,2008.

宋俊华.文化生产与非物质文化遗产生产性保护 [J]. 文化遗产 ,2012(01).

唐洪亚,陈刚.论英国城市更新理论在中文语境中的发展及启示 [J]. 合肥工业
　　大学学报 (社会科学版),2015,29(05).

田燕,林志宏,黄焕.工业遗产研究走向何方——从世界遗产中心收录之近代
　　工业遗产谈起 [J]. 国际城市规划 ,2008(02).

汪睿.艺术节对城市复兴的影响——以英国纽卡斯尔的“艺术与视觉节”为例
　　[J]. 四川戏剧 ,2016(08).

王建国,蒋楠.后工业时代中国产业类历史建筑遗产保护性再利用 [J]. 建筑学
　　报 ,2006(08).

王景慧.城市规划与文化遗产保护 [J]. 城市规划 ,2006(11).

王长松,田昀,刘沛林.国外文化规划、创意城市与城市复兴的比较研究——
　　基于文献回顾 [J]. 城市发展研究 ,2014,21(05).

王志鹏.混合用途发展模式的旅游业对城市复兴的作用——以英国皮斯礼堂
　　区域为例 [J]. 安徽建筑工业学院学报 (自然科学版),2012,20(03).

巫莉丽,隋淼.德国工业旅游的发展及其借鉴意义 [J]. 德国研究 ,2006(02).

吴晨,丁霓.国王十字中心区发展规划与伦敦城市复兴 [J]. 北京规划建
　　设 ,2017(01).

吴晨,丁霓.英国国家彩票资金与城市复兴 [J]. 北京规划建设 ,2018(06).

谢红彬,高玲.国外工业遗产再利用对福州马尾区工业旅游开发的启示 [J]. 人
　　文地理 ,2005(06).

徐舒静.欧洲城市更新背景下作为经济手段的文化政策评析 [J]. 邢台学院学
　　报 ,2013,28(03).

杨震,于丹阳.英国城市设计 :1980 年代至今的概要式回顾 [J]. 建筑师 ,
　　2018(01).

姚伟钧.张之洞与武汉近代工业文化遗产 [J]. 武汉文史资料 ,2008(07).

俞孔坚, 方琬丽. 中国工业遗产初探 [J]. 建筑学报 ,2006(08).

俞孔坚. 关于防止新农村建设可能带来的破坏、乡土文化景观保护和工业遗产保护的三个建议 [J]. 中国园林 ,2006(08).

张松. 上海产业遗产的保护与适当再利用 [J]. 建筑学报 ,2006(08).

张毅杉, 夏健. 城市工业遗产的价值评价方法 [J]. 苏州科技学院学报 (工程技术版),2008(01).

张毅杉, 夏健. 塑造再生的城市细胞——城市工业遗产的保护与再利用研究 [J]. 城市规划 ,2008(02).

周晨虹. 英国城市复兴中社区赋权的 "政策悖论" 及其借鉴 [J]. 城市发展研究 ,2014,21(10).

四、官方网站类

布里茨山维多利亚镇官网：https://www.ironbridge.org.uk/explore/blists-hill-victorian-town/

布林德利地区官网：https://www.brindleyplace.com

国际工业遗产保护协会官网：http://ticcih.org

赫尔文化之城（旅游局）官网：https://www.visithull.org

莱斯特修道院泵站博物馆官网：http://www.abbeypumpingstation.org

伦敦巴金区政府官网：https://www.lbbd.gov.uk

曼彻斯特科学与工业博物馆官网：https://www.scienceandindustrymuseum.org.uk

泰特现代艺术馆官网：https://www.tate.org.uk

国际铁桥文化遗产研究院官网：http://www.birmingham.ac.uk/schools/historycultures/departments/ironbridge/index.aspx.

铁桥峡谷博物馆信托基金官网：http://www.ironbridge.org.uk

英格兰旅游局官网：https://www.visitengland.com

英国工业考古学会官网：https://industrial-archaeology.org

英国国家统计局 (ONS) 官网：https://www.ons.gov.uk

英国旅游局官网：https://www.visitbritain.com/

英国入境旅游官网：http://www.ukinbound.org

英国遗产官网：http://www.english-heritage.org.uk

英国政府文化媒体及体育部官网：https://www.gov.uk/government/organisations/
    department-for-culture-media-sport